中国奶牛群体遗传改良数据报告

REPORT OF DAIRY HERD GENETIC IMPROVEMENT IN CHINA

中国奶业协会

中国农业出版社

图书在版编目（CIP）数据

中国奶牛群体遗传改良数据报告/中国奶业协会编
. —北京：中国农业出版社，2017.6
ISBN 978-7-109-23100-9

Ⅰ. ①中… Ⅱ. ①中… Ⅲ. ①乳牛-群体改良-遗传改良-统计数据-研究报告-中国 Ⅳ. ①S823.92

中国版本图书馆CIP数据核字（2017）第128270号

中国农业出版社出版
（北京市朝阳区麦子店街18号楼）
（邮政编码 100125）
责任编辑 刘 玮

北京通州皇家印刷厂印刷 新华书店北京发行所发行
2017年6月第1版 2017年6月北京第1次印刷

开本：787mm×1092mm 1/16 印张：6.25
字数：170 千字
定价：55.00 元

中国奶牛群体遗传改良数据报告

编写人员

主　编　刘　琳

编　者　刘　琳　陈绍祜

闫青霞　曹　正

姚　远

审　稿　张　沅　张胜利

前　言

中国奶业白皮书是中国奶业协会发表的特定报告，论述分析奶业发展状况和行业态势，展示反映奶业领域进展和重大成果。本部白皮书为首个通过大数据分析，展示近二十年中国奶牛群体遗传改良进展成果的报告，通过翔实的数据，反映了我国奶牛生产性能和牛奶质量水平的不断提升。

今年恰逢中国奶业协会成立35周年。自成立之初，中国奶业协会便把培育优良奶牛品种作为重点工作，其主持培育的中国荷斯坦牛成为我国第一个自主培育的乳用型专用品种。这项成果成为迄今为止畜牧学科领域仅有的3项国家科技进步一等奖之一。目前，中国荷斯坦牛成为我国奶牛饲养的主导品种。

35年来，中国奶业协会一直致力于推动我国奶牛群体遗传改良，做了一系列开拓性的工作。组织全国青年公牛联合后裔测定，开展全国奶牛品种登记，制定奶牛个体识别号规则，推广奶牛生产性能测定，推行奶牛体型外貌线性评分系统，起草《中国荷斯坦牛》等多项国家标准和行业标准，建立中国奶牛数据中心，编制《全国联合奶牛群改良方案》《中国荷斯坦牛群体遗传改良方案》，最终推动农业部出台我国第一部畜禽品种改良计划——《中国奶牛群体遗传改良计划（2008—2020年）》。

《中国奶牛群体遗传改良数据报告》利用中国奶业协会积累二十余年的数据，分析我国在奶牛品种登记、奶牛生产性能测定、青年公牛后裔测定、体型外貌鉴定、遗传评估等方面所取得的进展。报告所用原始数据均来源于中国奶牛数据中心。中国奶牛数据中心隶属于中国奶业协会，设立于2002年，其前身为全国良种奶牛登记及信息中心。该中心是为满足我国奶牛群体遗传改良工作对有关数据及处理的需要，在农业部的支持下成立的。

中国奶牛数据中心作为全国唯一的国家级奶业专业数据处理中心，负责收集、整理和分析全国奶牛育种等技术数据。目前收录了全国2 785个奶牛场的育种数据，存储总量达到4 000余万条。中国奶牛数据中心开发的“中国奶牛育种数据网络平台”，包括品种登记、奶牛生产性能测定（DHI）、牛场选配、良种补贴、后裔测定、体型鉴定、遗传评估七个专业模块，实现了符合我国特色的奶牛育种数据网络管理和应用，搭建了方便快捷的奶牛育种信息服务平台，为政府部门决策提供数据依据，为行业管理提供技术报告和公共信息查询，为奶业科研提供系统的专业数据。

2015年12月，农业部在《奶牛生产性能测定工作办法（试行）》（农办牧[2015]36号）中再次明确中国奶业协会在奶牛群体遗传改良工作方面的分工，即组织开展全国奶牛品种登记、体型外貌鉴定、遗传评估、技术培训等，负责奶牛生产性能测定数据收集、整理和存储，并对数据进行核查、分析和质量考评。中国奶业协会既感谢政府部门的信任，又深感责任重大，将不负重托、传承创新、努力进取，为我国奶业发展不断作出新的贡献。

35年来，农业部、各地畜牧行政主管部门、各地奶业协会和奶牛生产性能测定中心、奶牛养殖企业、有关大专院校和科研院所，对中国奶业协会及中国奶牛数据中心给予了大力支持和帮助，还需要特别提出的是曾经在中国奶业协会任职、对奶牛群体遗传改良工作和建立中国奶牛数据中心付出无私奉献的领导和同志，借此报告发布之际，一并表示感谢。

中国奶业协会

2017年6月

目　　录

图 表 目 录

中国奶牛群体遗传改良数据报告

奶牛是发展奶业的基础，奶牛群体遗传素质是影响奶业生产效率最重要的因素之一。中国奶业协会（前身为中国奶牛协会）成立35年来，一直致力于推动我国奶牛群体遗传改良工作。《中国奶牛群体遗传改良数据报告》是中国奶业协会首次通过大数据评价方法对中国奶牛群体遗传改良相关数据资源进行的综合分析和评价。本报告通过对中国奶业协会所属的中国奶牛数据中心采集的数据进行整理分析，从奶牛品种登记、生产性能测定、青年公牛后裔测定、体型外貌鉴定、遗传评估等方面，展示了我国近二十年在中国奶牛群体遗传改良方面所取得的进展。

一、品种登记

奶牛品种登记是将符合品种标准的牛只按统一编号和记录规则，由专门的组织登记在册或录入特定计算机数据系统中进行管理。农业部授权中国奶业协会组织开展全国奶牛品种登记。目前，中国奶业协会登记的奶牛品种包括中国荷斯坦牛、三河牛、娟姗牛，奶水牛品种包括摩拉水牛、尼里—拉菲水牛。

（一）中国荷斯坦牛

中国荷斯坦牛（原名：中国黑白花奶牛）是在中国奶业协会主持下，我国自主培育的第一个乳用型牛专用品种。1985年通过国家品种审定，

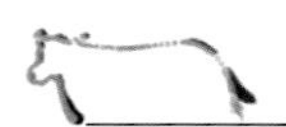

1988年荣获国家科技进步一等奖。目前我国奶牛群体中，85%以上是中国荷斯坦牛及其杂交改良牛，分布在全国31个省、自治区、直辖市。

1984年，在北方、南方两个奶牛育种协作组开展4次黑白花奶牛良种登记的基础上，依据国家标准《中国黑白花奶牛》（GB 3157—82），中国奶业协会组织进行全国第5次黑白花奶牛（1992年农业部批准更名为中国荷斯坦牛）良种登记。

2002年，中国奶业协会设立全国良种奶牛登记及信息中心。后经扩建，于2005年正式运行并更名为“中国奶牛数据中心”。2012年，奶牛品种登记数据库建成，当年对1992—2012年的品种登记历史资料进行了整理，完成了60.7万头中国荷斯坦牛的登记入库。截至2016年年底，中国荷斯坦牛品种总登记量达到125.1万头，年均新增登记牛数16.1万头，登记范围覆盖23个省、自治区、直辖市。在奶牛品种登记数据库中，中国荷斯坦牛登记数据占据了主体地位。中国荷斯坦牛品种登记数量年度分布见图1-1。

图1-1　中国荷斯坦牛品种登记数量年度分布

在已开展中国荷斯坦牛品种登记的省、自治区、直辖市中，登记数量超过10万头的有5个，3万～10万头的有6个，1万～3万头的有7个，1万头以下的有5个。见图1-2、图1-3、图1-4、图1-5和附录1。

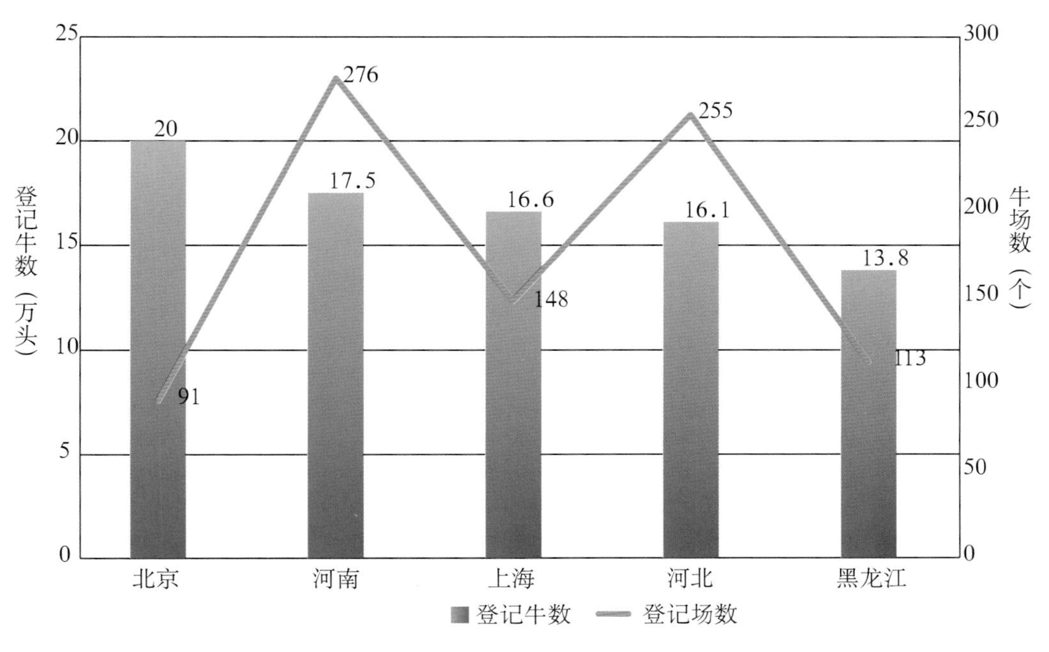

图 1-2　中国荷斯坦牛品种登记数量大于10万头的省份

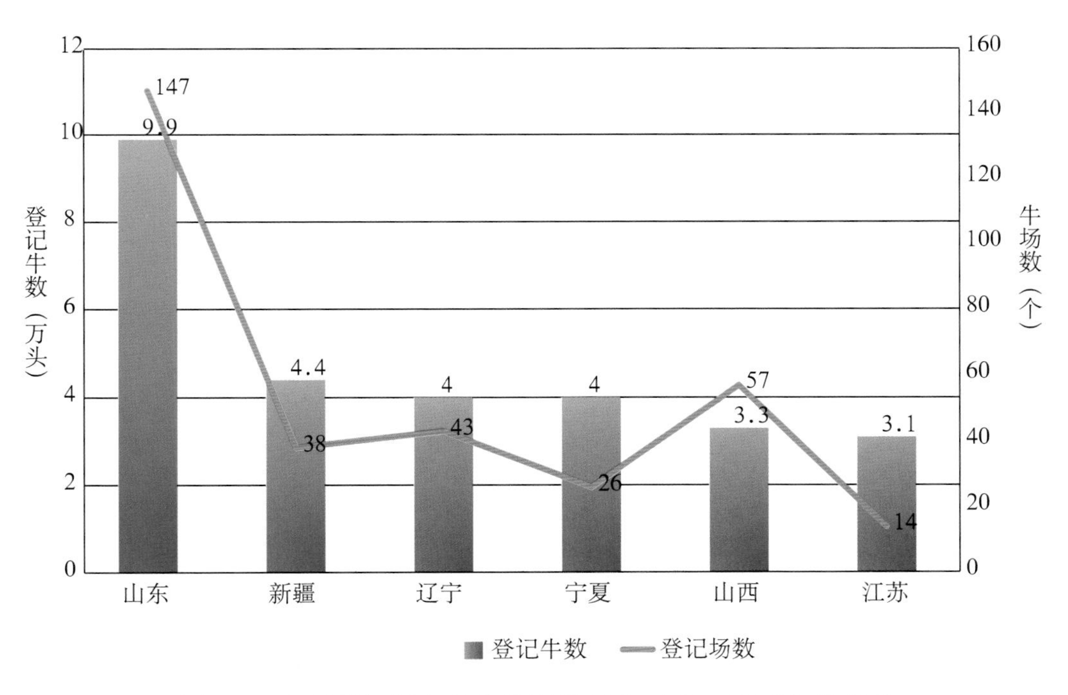

图 1-3　中国荷斯坦牛品种登记数量在3万～10万头的省份

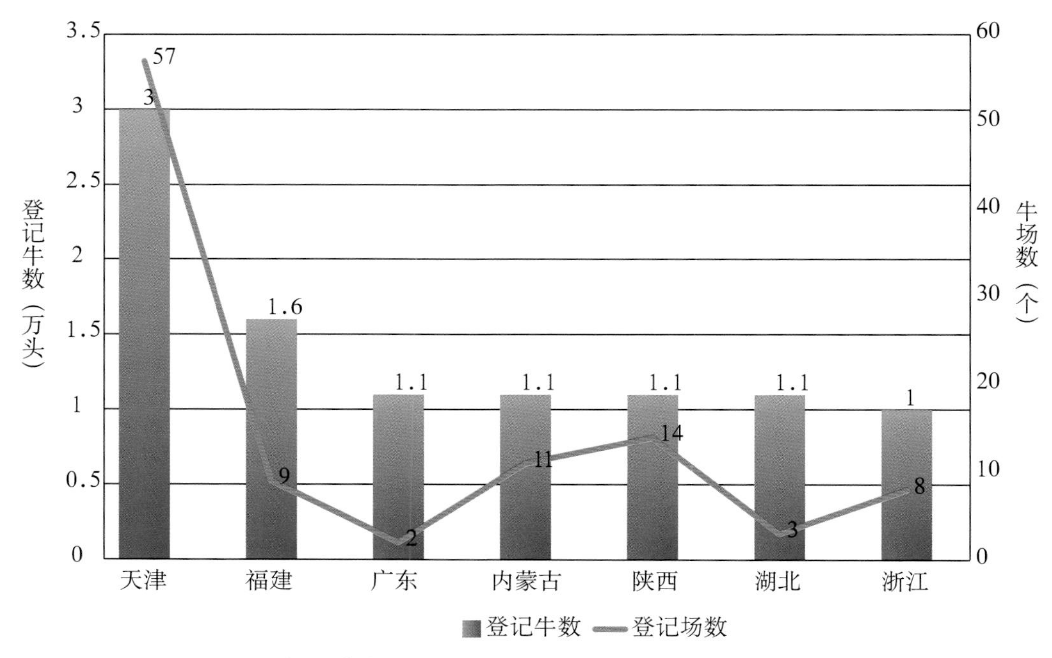

图1-4　中国荷斯坦牛品种登记数量在1万～3万头的省份

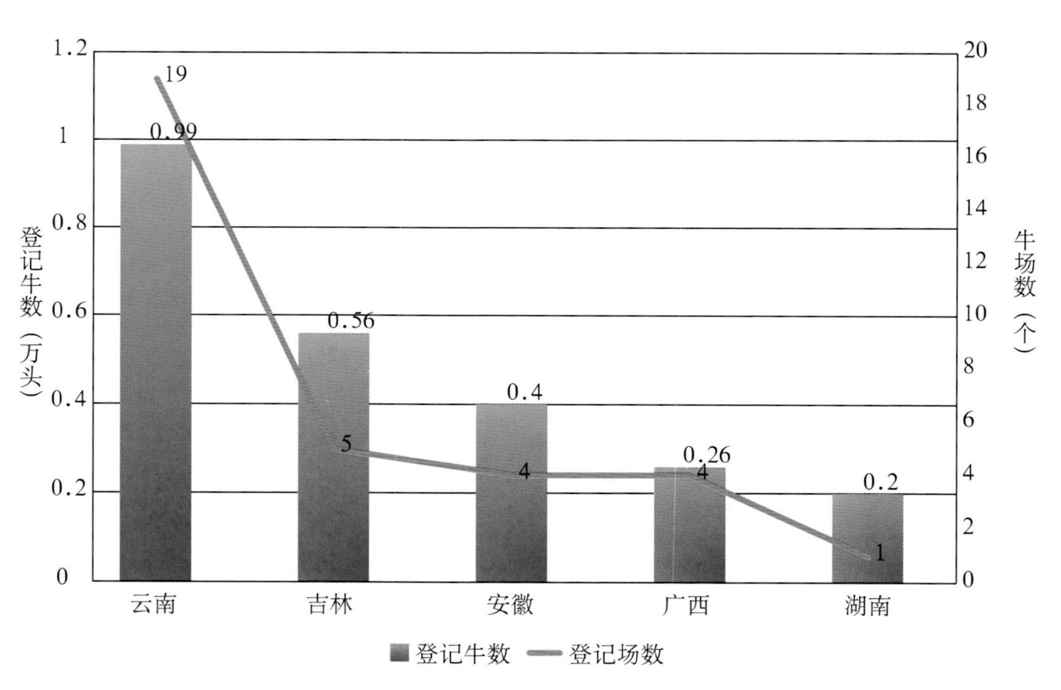

图1-5　中国荷斯坦牛品种登记数量在1万头以下的省份

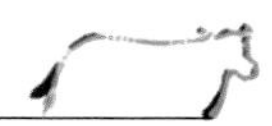

（二）三河牛

三河牛是我国自主培育的乳肉兼用牛品种，主要分布在内蒙古自治区呼伦贝尔市。依据国家标准《三河牛》（GB/T 5946—2010），目前完成了1 121头核心群母牛的品种登记。

据中国奶业协会调查，2015年三河牛全群存栏约75 860头，中心产区为海拉尔农牧场管理局所属的农牧场，共存栏69 047头，占全群91.0%。其余分布在额尔古纳市、陈巴尔虎旗、鄂温克旗和海拉尔区。

（三）娟姗牛

娟姗牛是小型乳用型专用品种，19世纪中叶引入我国，但扩繁数量很少，几乎消失。1996年开始陆续引入，主要分布在辽宁、河北、山东、广东、上海、重庆等地区。据中国奶业协会调查，目前全国存栏3万余头。中国奶业协会共登记5个群体13 941头。其中辽宁地区登记3个群体10 253头，河北地区登记1个群体2 836头，山东地区登记1个群体852头。

（四）奶水牛

奶水牛的品种登记数据主要来自广西，依据国家标准《摩拉水牛种牛》（GB/T 27986—2011）登记摩拉水牛公牛33头、母牛899头。依据国家标准《尼里—拉菲水牛种牛》（GB/T 27987—2011）登记尼里－拉菲水牛公牛41头、母牛530 头。登记的个体包括纯种和三代及三代以上高代杂，品种纯度均超过87.5%。

背景专栏

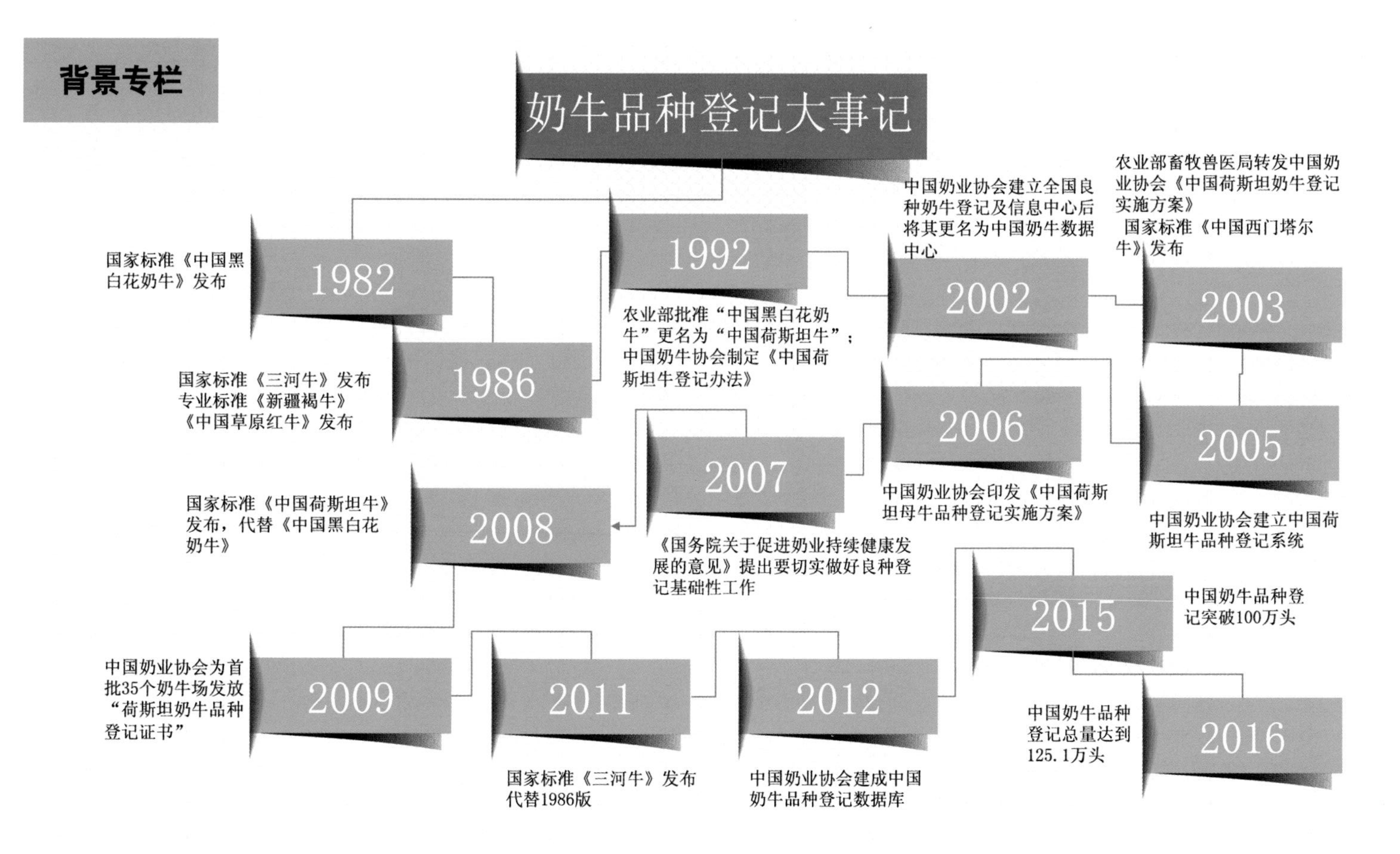

奶牛品种登记大事记
1982
国家标准《中国黑白花奶牛》发布
1986
国家标准《三河牛》发布
专业标准《新疆褐牛》
《中国草原红牛》发布
1992
农业部批准“中国黑白花奶牛”更名为“中国荷斯坦牛”；中国奶牛协会制定《中国荷斯坦牛登记办法》
2002
中国奶业协会建立全国良种奶牛登记及信息中心后将其更名为中国奶牛数据中心
2003
农业部畜牧兽医局转发中国奶业协会《中国荷斯坦奶牛登记实施方案》
国家标准《中国西门塔尔牛》发布
2005
中国奶业协会建立中国荷斯坦牛品种登记系统
2006
中国奶业协会印发《中国荷斯坦母牛品种登记实施方案》
2007
《国务院关于促进奶业持续健康发展的意见》提出要切实做好良种登记基础性工作
2008
国家标准《中国荷斯坦牛》发布，代替《中国黑白花奶牛》
2009
中国奶业协会为首批35个奶牛场发放“荷斯坦奶牛品种登记证书”
2011
国家标准《三河牛》发布代替1986版
2012
中国奶业协会建成中国奶牛品种登记数据库
2015
中国奶牛品种登记突破100万头
2016
中国奶牛品种登记总量达到125.1万头

二、奶牛生产性能测定

奶牛生产性能测定（Dairy Herd Improvement，DHI）是对奶牛个体的产奶量定期测量和分析其主要乳成分等的一项技术措施，旨在科学地、精准地为奶牛群体遗传改良、原料奶质量控制、饲养管理工艺和常见疾病防治等方面提供数据信息和指导服务。农业部授权中国奶业协会负责奶牛生产性能测定数据的收集、整理和存储，并对数据进行核查、分析和质量考评。

（一）奶牛生产性能测定体系建立

我国奶牛生产性能测定体系的形成可以分为两个阶段。

建立阶段（1992—2005年）。20世纪90年代，中国—日本“天津奶业发展项目”和中国—加拿大“奶牛育种综合项目”，在天津、上海、西安、杭州、北京的奶牛场实施系统的生产性能测定。1999年5月，中国奶业协会成立“中国荷斯坦牛全国生产性能测定工作委员会”，推动在全国实施DHI。截至2005年年底，中国荷斯坦牛参测数达到4.6万头。见图2-1。

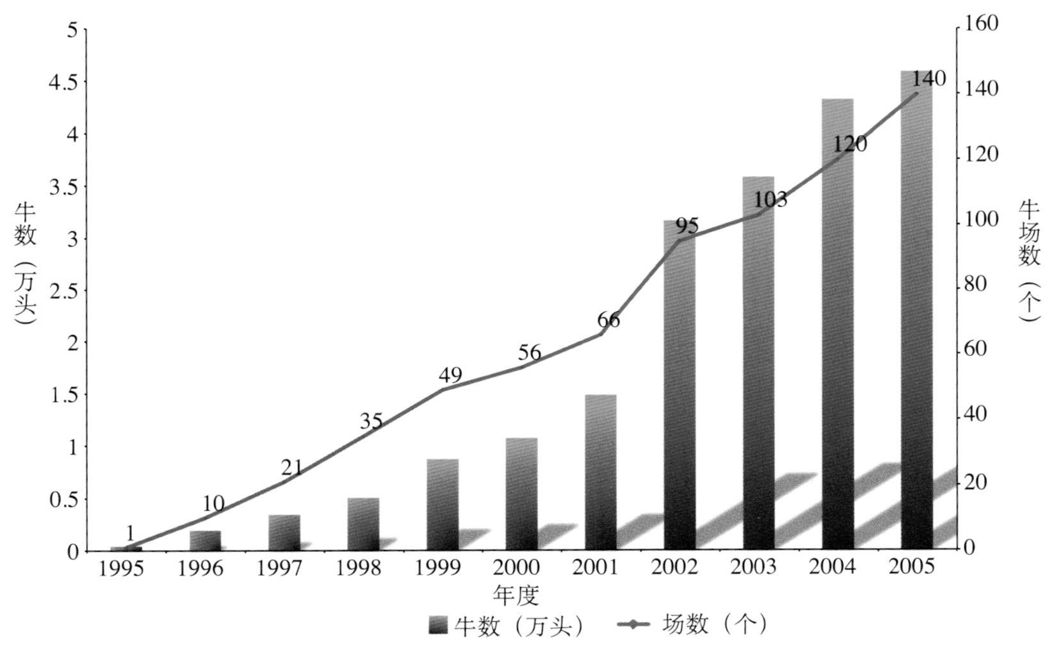

图2-1　1995—2005年DHI参测奶牛数量发展对比

推广阶段（2006年至今）。在中国奶业协会的积极呼吁和推动下，2006年中央财政资金补助奶牛生产性能测定试点，计划测定9万头。《国务院关于促进奶业持续健康发展的意见》（国发[2007]31号）提出要切实做好奶牛生产性能测定基础性工作。2008年年底，中央财政设立专项资金支持推广奶牛生产性能测定，奶牛参测数量快速增长。2016年项目已经覆盖18个省（自治区、直辖市）和黑龙江、新疆垦区。另外，安徽等非项目地区及一些乳品企业也建立了DHI测定中心（实验室），自行开展测定工作。截至2016年年底，全国每年参加奶牛生产性能测定的奶牛场由2008年的592个增加到1 543个，增长1.6倍，参测奶牛头数由24.5万头增加到了100.5万头，增长3.1倍。见图2-2和附录3。

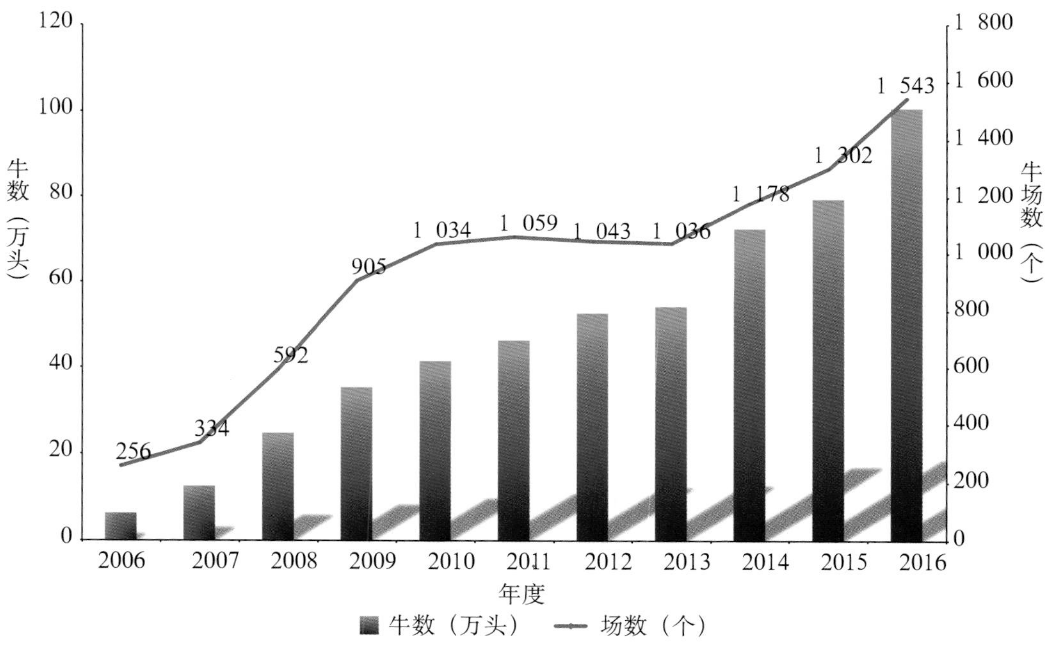

图2-2　2006—2016年DHI参测奶牛场和测定数量发展对比

（二）奶牛生产性能测定数据采集

截至2016年底，中国奶牛数据中心共收集中国荷斯坦奶牛生产性能测定相关数据4 000万余条。其中主要包括系谱数据420万条（母牛系谱357.4万条，公牛系谱62.7万条），产奶性能测定日数据3 035万条，繁殖

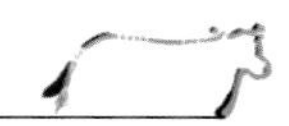

数据528万条。2013年部分娟姗牛场开始参加DHI，参测群体规模最高时达到8 000余头，DHI记录总量达到11.5万条。

奶牛生产性能测定数据主要来源于全国28个DHI测定中心（实验室），覆盖26个省（自治区、直辖市）。见表2-1。

表2-1　DHI数据收录来源

序号	编号	DHI测定中心名称	覆盖地区
1	1101	北京奶牛中心奶牛生产性能测定实验室	北京、河北、山西、内蒙古
2	1201	天津奶牛发展中心奶牛生产性能测定实验室	天津、山东
3	1301	河北省畜牧良种工作站奶牛生产性能测定中心	河北
4	1401	山西省奶牛生产性能测定管理站	山西
5	1501	内蒙古西部良种奶牛繁育中心	内蒙古
6	1502	内蒙古优然牧业有限公司DHI实验室	内蒙古
7	1503	内蒙古赛科星家畜种业与繁育生物技术研究院有限公司（奶牛生产性能测定中心）	内蒙古
8	2101	沈阳乳业有限责任公司奶牛生产性能测定中心	辽宁、吉林
9	2102	辽宁省畜牧业经济管理站	辽宁、吉林
10	2301	黑龙江省家畜遗传资源保护中心奶牛生产性能测定中心	黑龙江、吉林、辽宁、内蒙古
11	2302	大庆市奶牛生产性能测定（DHI）中心	黑龙江
12	2303	黑龙江省农垦畜牧兽医研究所DHI测定中心	黑龙江
13	3101	上海奶牛育种中心有限公司奶牛生产性能测定实验室	上海、江苏、黑龙江、山东、重庆、浙江、河南、湖北、广西、安徽、贵州
14	3201	南京卫岗乳业有限公司检测中心	江苏、安徽
15	3401	安徽省畜禽遗传资源保护中心DHI实验室	安徽
16	3701	山东省农业科学院奶牛研究中心奶牛生产性能测定实验室	山东、浙江、内蒙古、贵州、福建、广西、上海、安徽、吉林、江苏、河南
17	3702	山东省畜牧总站奶牛DHI测定中心	山东
18	4101	河南省奶牛生产性能测定中心	河南、山东
19	4102	洛阳市奶牛生产性能测定中心	河南
20	4201	湖北省畜禽育种中心DHI测定中心	湖北、江苏
21	4301	湖南省奶牛生产性能测定中心	湖南
22	4401	广州市奶牛研究所有限公司奶牛生产性能检测中心	广东、广西

（续）

序号	编号	DHI测定中心名称	覆盖地区
23	5101	四川新希望生态牧业有限公司	四川
24	5301	云南省昆明市奶牛生产性能测定中心	云南
25	6101	陕西省畜牧技术推广总站奶牛生产性能测定中心	陕西
26	6401	宁夏回族自治区乳品质量监测中心（奶牛生产性能测定中心）	宁夏
27	6501	新疆维吾尔自治区奶牛生产性能测定中心	新疆
28	6502	新疆生产建设兵团奶牛生产性能测定中心	新疆

（三）奶牛生产性能测定进展情况

1. 产奶性能

随着奶牛养殖规模化的发展，奶牛饲养水平逐步提高，奶牛单产稳步增加。从1995年到2016年，中国荷斯坦牛的测定日平均单产由21.5kg增加到28.1kg，305天产奶量平均提高了2t，乳脂率和乳蛋白率[1]也均有不同程度提高。2009年中国荷斯坦牛参测数量快速增长，产奶量、乳脂率和乳蛋白率平均值产生波动。随着参测牛群逐渐稳定，产奶量逐年提高，乳脂率和乳蛋白率小幅提升，脂蛋比均处于1.12 ～ 1.3正常区间。体细胞数在20年间每年均呈下降趋势，从60万个/mL左右降低到30万个/mL以下，中国荷斯坦牛群健康水平整体提升，原料奶质量明显提高。见图2-3、图2-4、图2-5、图2-6和附录3。

对2016年度参测奶牛场平均305天产奶量进行排名，前100名（名单见附录7）中10 000kg以上的占79%，反映了这些牛群的高产性能；对参测奶牛场体细胞数排名，前100名（名单见附录8）体细胞数均在18万个/mL以下，反映了这些牛群良好的健康体质状况。

2. 参测牛群规模

随着我国奶牛标准化规模养殖的不断推进，参测牛群规模也在变化。从中国奶牛数据中心收录的数据来看，2000年以前参加测定的奶牛场群体规模集中在200头以下，占总参测场数的73%，见图2-7。

[1] 乳成分指标平均值均为剔除不合格数据后的加权平均值。

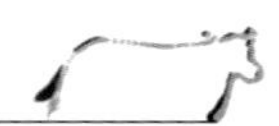

2001—2005年参测的牛群规模开始向200头以上攀升，200头以下的参测场占比下降到44%，其余的56%主要分布在200 ~ 1 000头规模；从2002年开始有1 000头以上牛群参加测定且数量逐年增加，见图2-8。

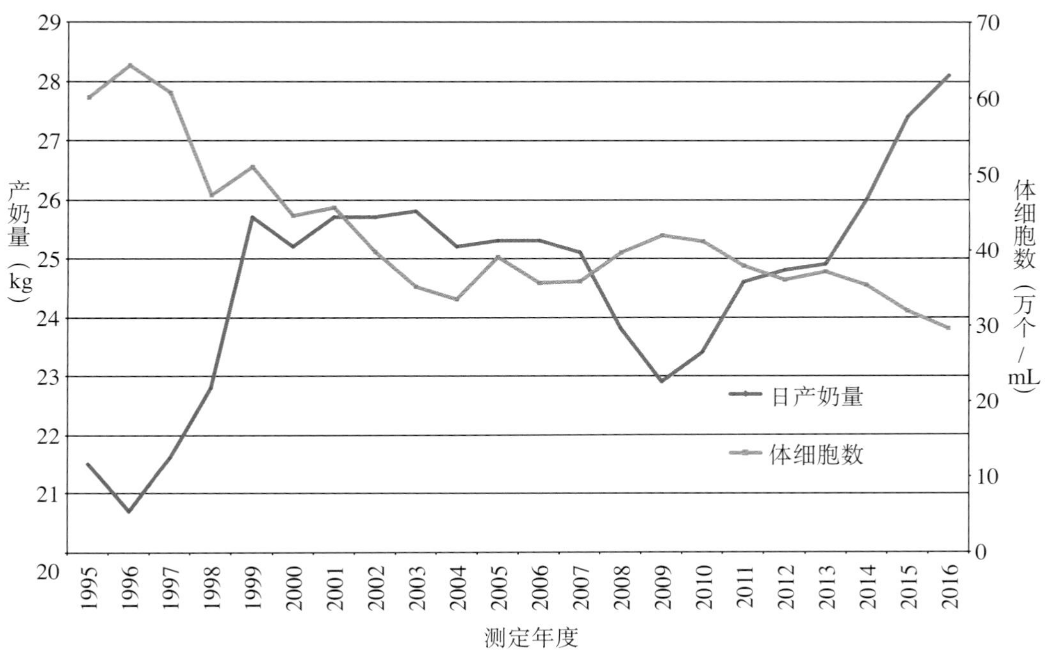

图2-3　1995—2016年中国荷斯坦牛平均测定日产奶量及体细胞变化趋势

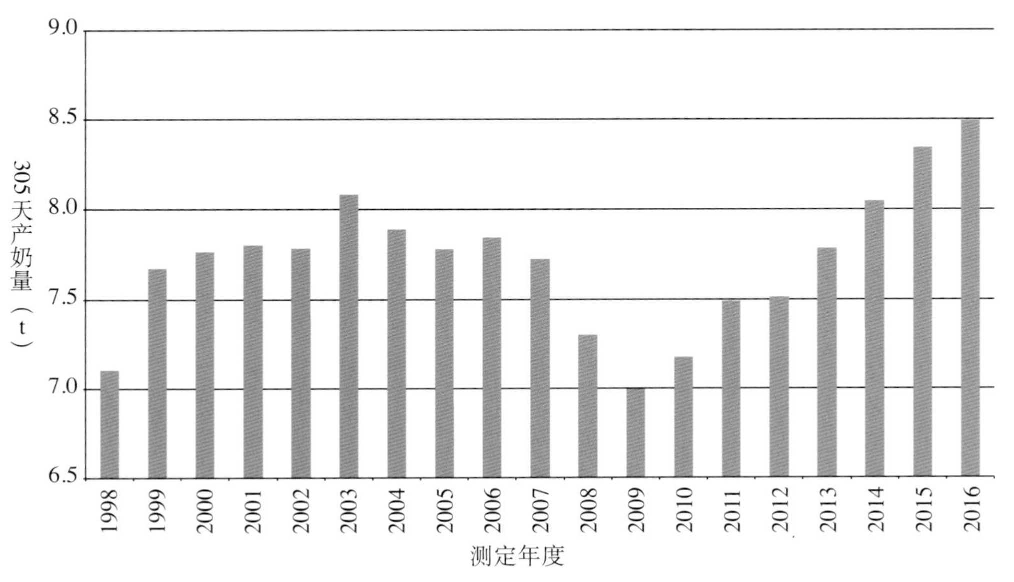

图2-4　1998—2016年参测中国荷斯坦牛305天产奶量变化趋势

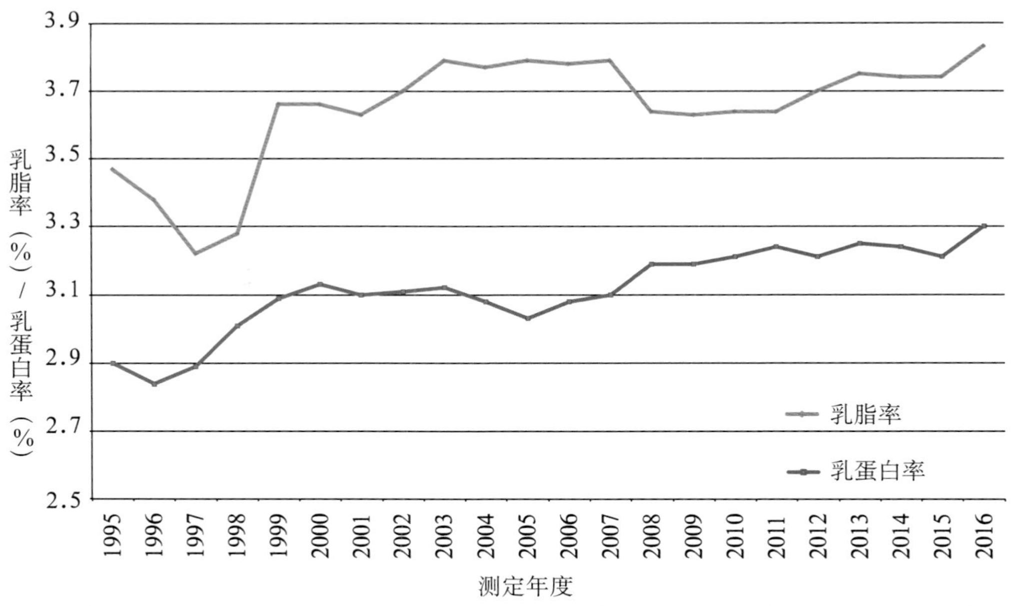

图2-5　1995—2016年参测中国荷斯坦牛原料奶乳脂率、乳蛋白率变化趋势

图2-6　1995—2016年参测中国荷斯坦牛原料奶脂蛋比变化趋势

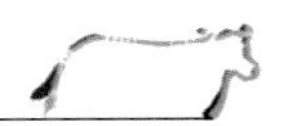

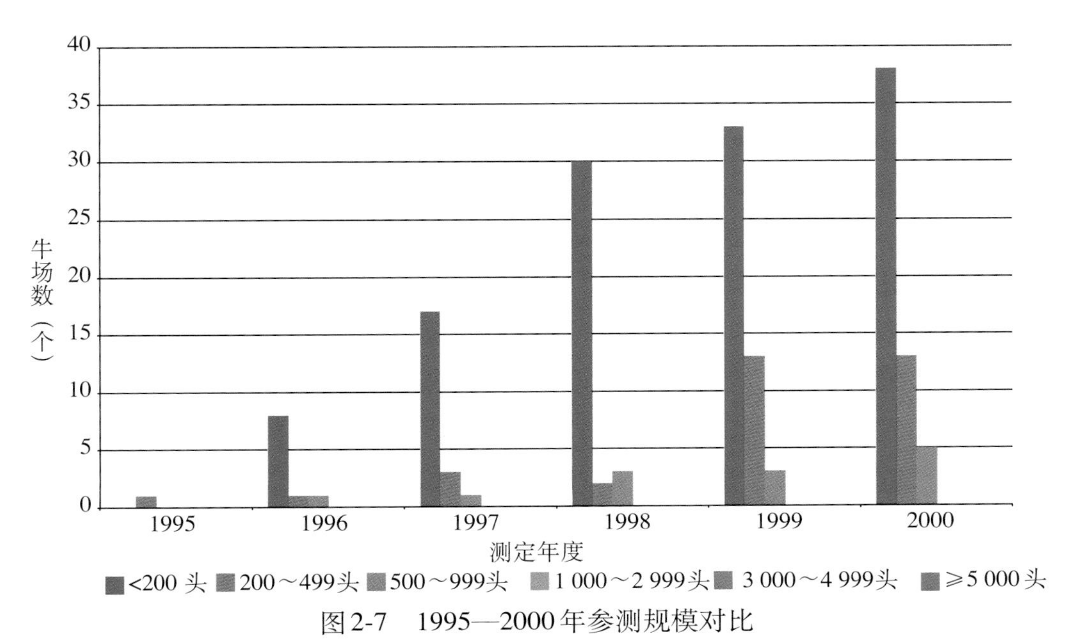

图2-7　1995—2000年参测规模对比

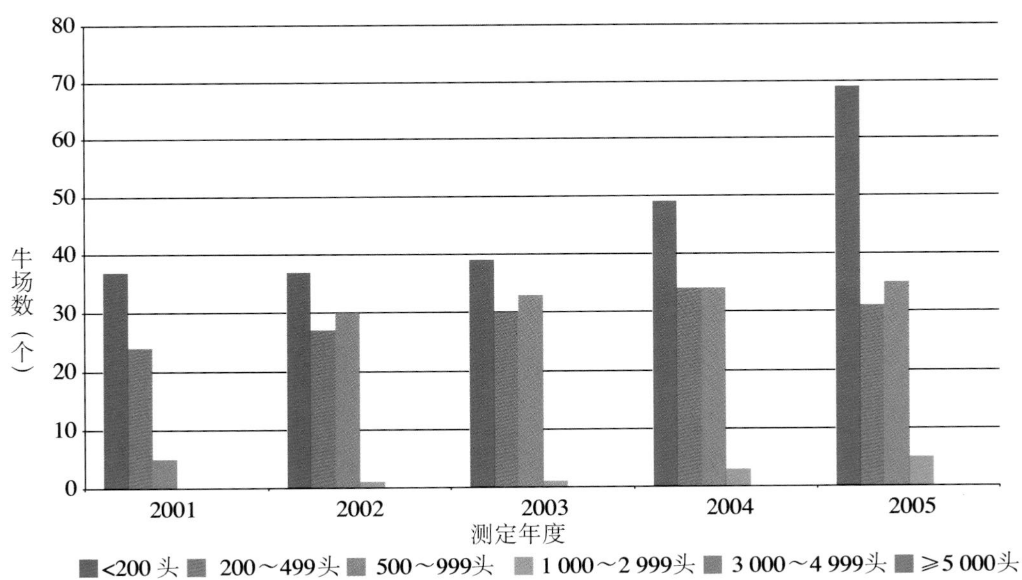

图2-8　2001—2005年参测规模对比

2006年国家启动奶牛生产性能测定补贴试点，参测场整体数量和群体规模逐年扩大，3 000头以上牛群参加测定已占有一定比例。2008年DHI正式立项，200 ～ 499头规模场的参测比例快速上升。见图2-9。

到2016年年底，参测牛群规模200头以下占22.9 %，200 ～ 499头占38.4%，500 ～ 999头占23.3%，1 000头以上牧场占15.4%。见图2-10。

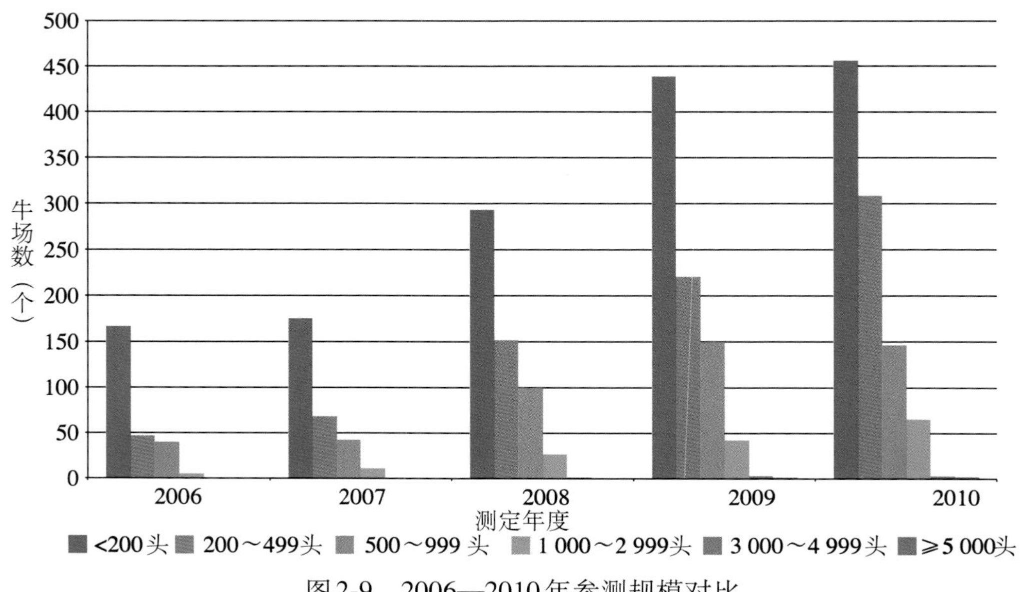

图2-9　2006—2010年参测规模对比

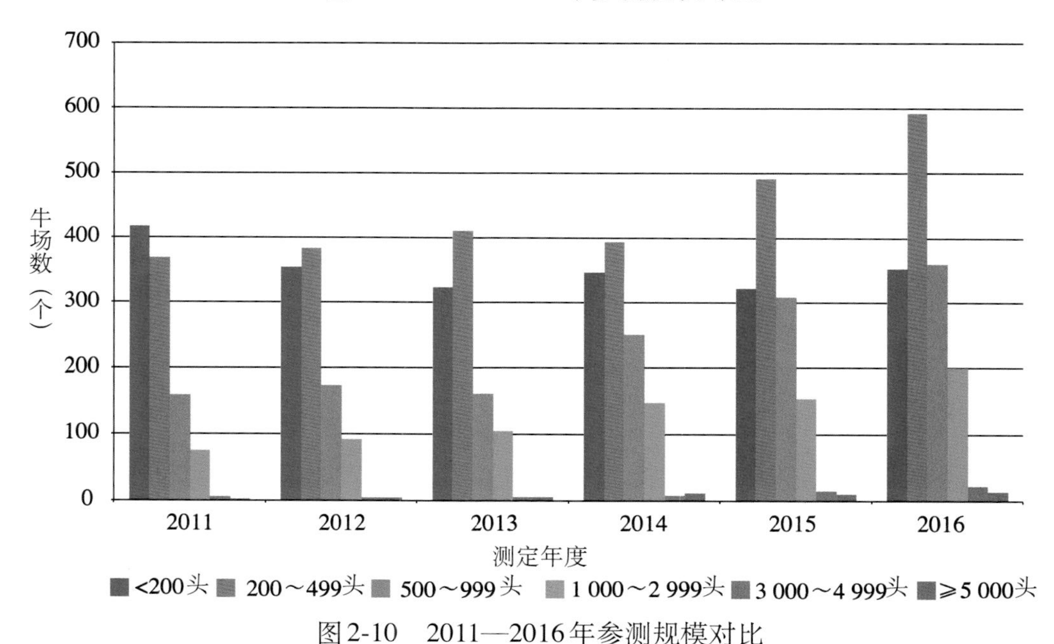

图2-10　2011—2016年参测规模对比

3. 产奶量、体细胞数与参测规模

随着牛场参测规模的扩大和管理技术的相应提升，中国荷斯坦牛的平均测定日产奶量与牛场参测规模成正比，规模越大，产奶量越高，而体细胞数则反之。见附录4和图2-11、图2-12。

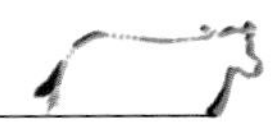

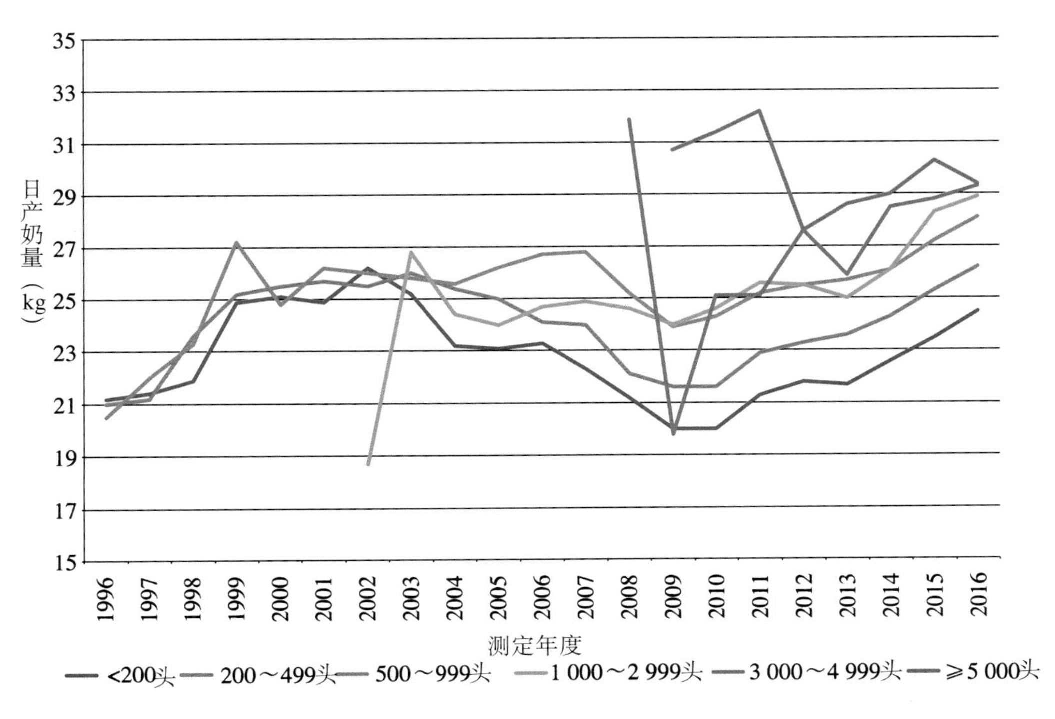

图2-11　1996—2016年中国荷斯坦牛不同参测规模测定日产奶量变化

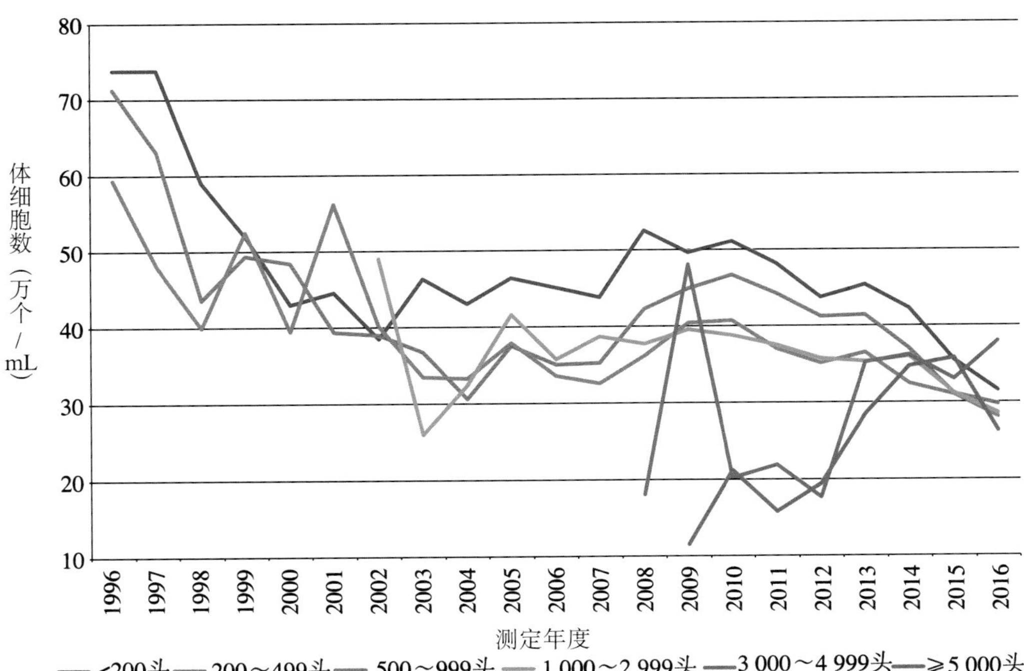

图2-12　1996—2016年中国荷斯坦牛不同参测规模体细胞数变化

4. 产区产奶性能差异

对2016年全国产区[2]的月度数据分析，东北—内蒙古产区月度日平均产奶量全年较为平稳，而南方产区季节效应较为明显，4月平均日产奶量最高达到31.4kg，8月平均日产奶量最低到23.6kg,相差7.8kg。华北—鲁豫产区和西北产区的高产奶月份出现在5月，低谷分别出现在8月和11月。见图2-13和附录5-1。

月平均乳脂率和乳蛋白率的变化东北—内蒙古产区最小，且月平均值略高于其他产区。见图2-14 、图2-15和附录5-2、附录5-3。

东北—内蒙古产区的平均体细胞数在1—3月平均高于其他产区15万个/mL。见图2-16和附录5-4。

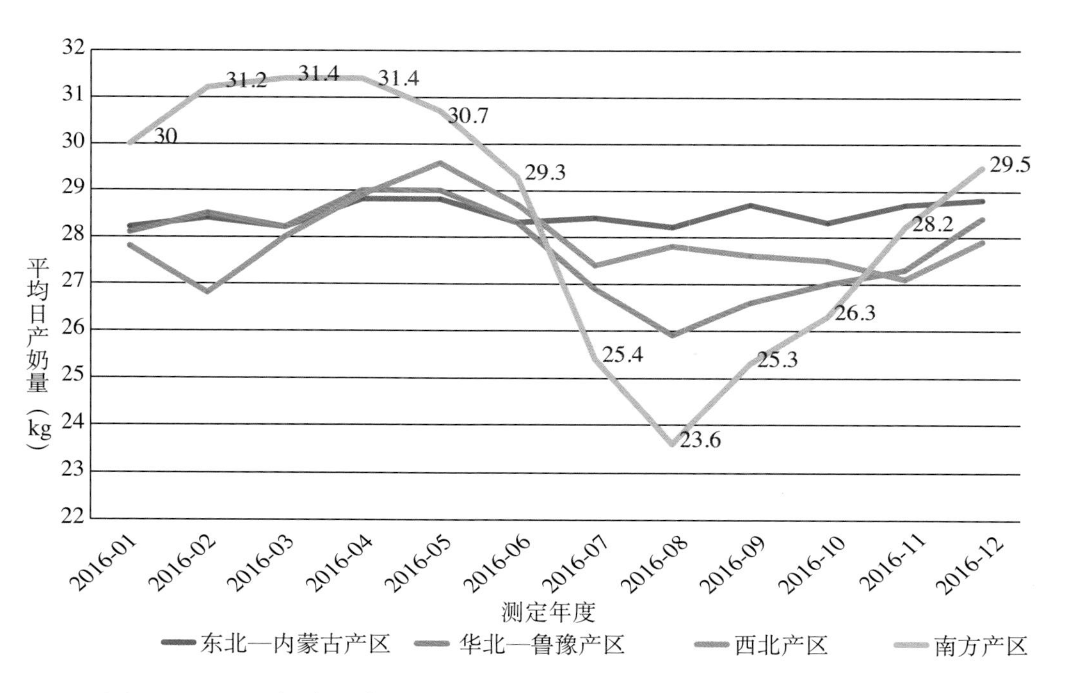

图2-13　2016年全国产区中国荷斯坦牛生产性能测定月度平均日产奶量

[2] 所列东北—内蒙古产区包括辽宁、吉林、黑龙江和内蒙古，华北—鲁豫产区包括北京、天津、河北、山西、山东和河南，西北产区包括陕西、宁夏、新疆，南方产区包括上海、江苏、浙江、安徽、福建、湖北、湖南、广东、广西、四川、贵州和云南。

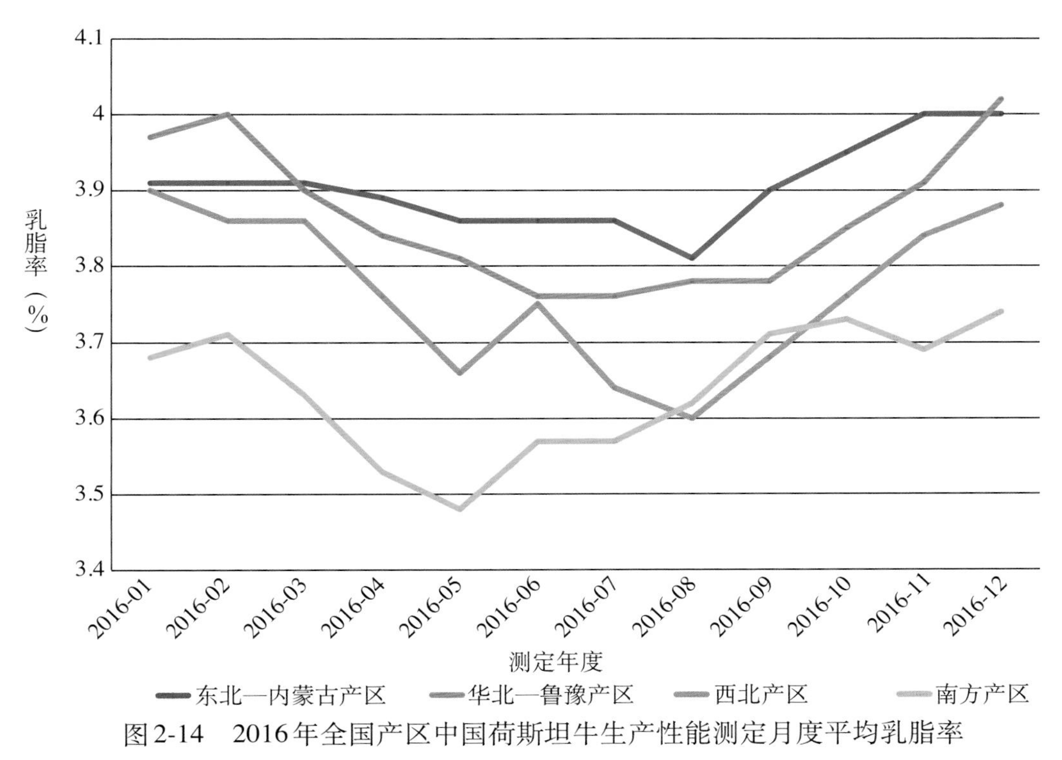

图2-14　2016年全国产区中国荷斯坦牛生产性能测定月度平均乳脂率

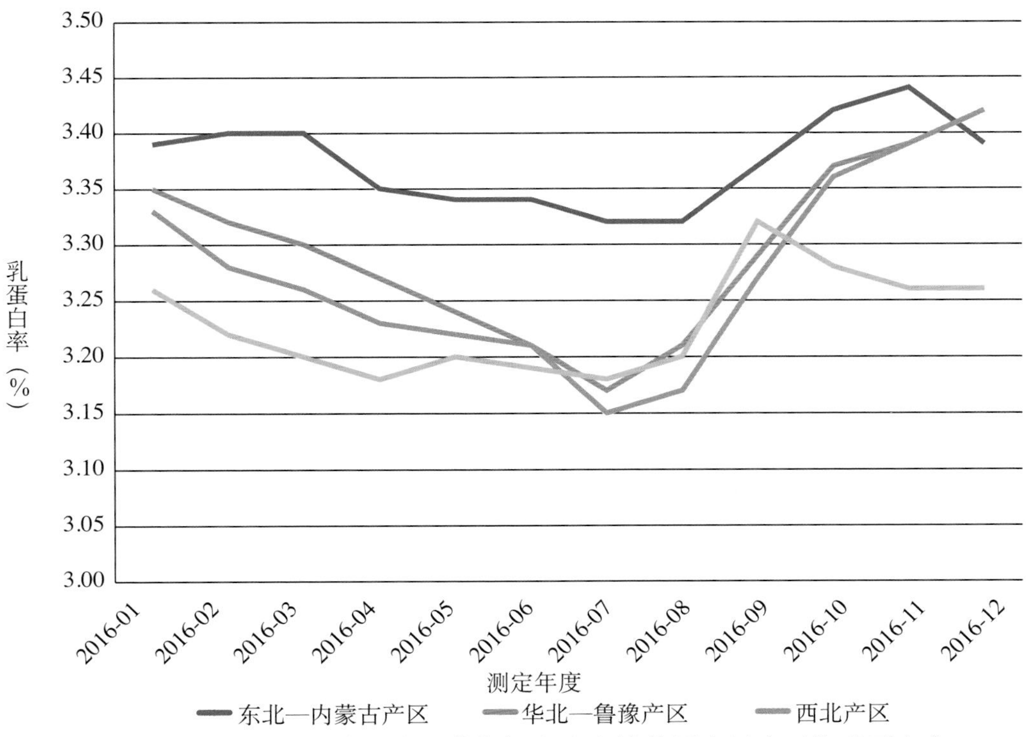

图2-15　2016年全国产区中国荷斯坦牛生产性能测定月度平均乳蛋白率

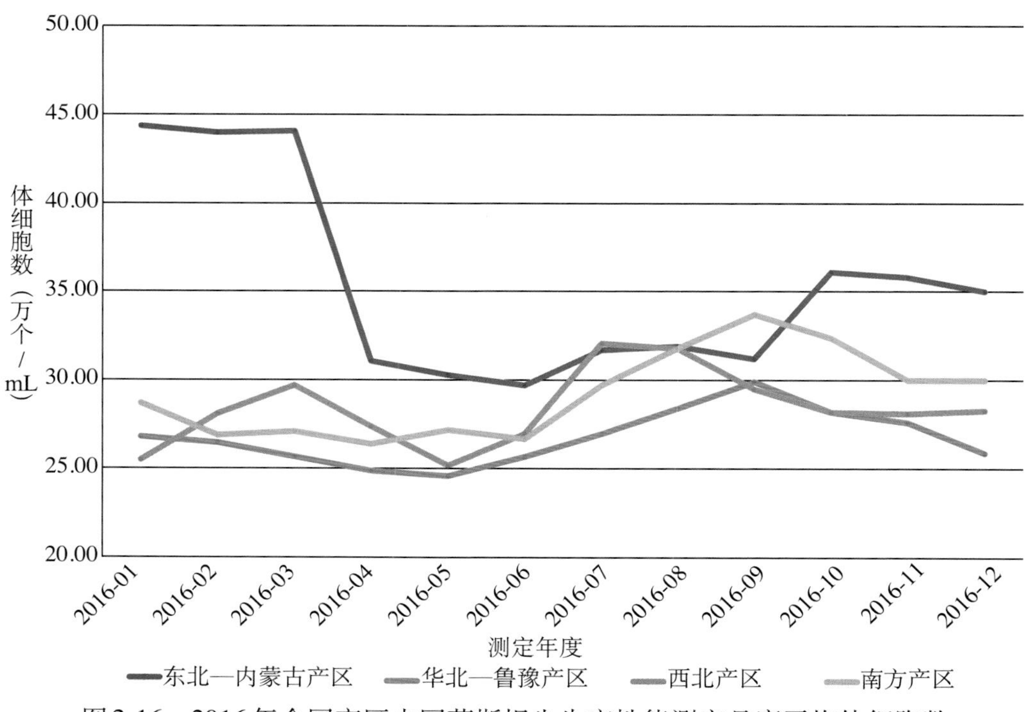

图2-16　2016年全国产区中国荷斯坦牛生产性能测定月度平均体细胞数

对2016年全国产区不同产犊季的数据分析，南方产区不同产犊季对平均日产奶量的影响较大，7—9月产犊的牛全年平均日产奶量要低于1—3月产犊的6kg。见图2-17和附录6。

5. 近五年持续参测牛群产奶性能

通过对2012—2016年持续参测的577个奶牛场（名单见附录9）中的569个中国荷斯坦牛场进行综合分析，参测牛年度产奶量排名前25%的高产牛胎次奶量逐年小幅提高，从2012年的10 540kg提高到2016年的11 162kg，提高了5.9%。见表2-2。

表2-2　2012—2016年持续参测场中国荷斯坦牛群体目标值变化（前25%）

年度	305奶量(kg)	产奶量(kg)	乳脂率(%)	蛋白率(%)	脂蛋比	体细胞数(万个/mL)	高峰奶(kg)	高峰日
2012	10 540	32.8	3.64	3.14	1.2	27.5	42.3	88
2013	10 792	33.3	3.71	3.2	1.2	28.8	42.8	87
2014	10 833	34.3	3.71	3.19	1.2	26.8	43.3	91
2015	11 108	34.8	3.71	3.17	1.2	26.5	44.0	88
2016	11 162	35.4	3.83	3.28	1.2	28.8	45.5	87

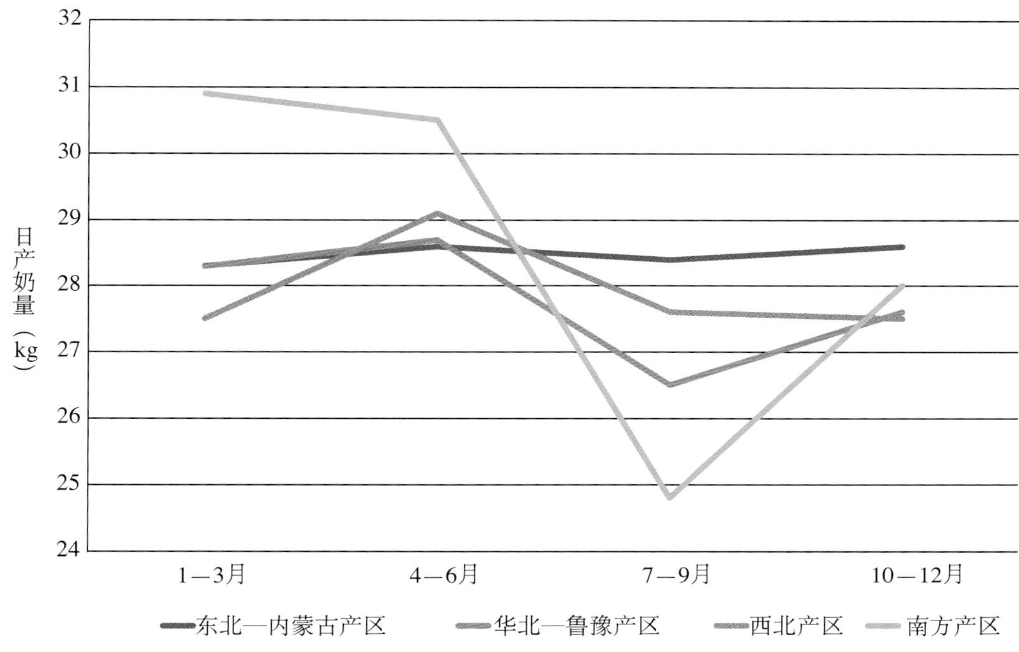

图2-17　2016年全国产区不同产犊季中国荷斯坦牛生产性能测定值

2012—2016年持续参测场的平均胎次奶量由7 591kg提高到8 719kg，提高了14.9%；乳蛋白率由3.19%提高到3.28%，乳脂率由3.68%提高到3.76%，而体细胞数由36.4万个/mL降低到30.9万个/mL，持续参测牛场整体生产水平明显提高。见表2-3。

表2–3　2012—2016年持续参测场中国荷斯坦牛群体测定值变化

年度	305天产奶量（kg）	产奶量（kg）	乳脂率（%）	乳蛋白率（%）	体细胞数（万个/mL）
2012	7 591	24.9	3.68	3.19	36.4
2013	7 837	25.4	3.71	3.24	37.2
2014	8 106	26.3	3.74	3.23	37.3
2015	8 591	28.5	3.70	3.20	32.8
2016	8 719	29.1	3.76	3.28	30.9

6. 娟姗牛参测情况

参加生产测定的娟姗牛整体测定日平均产奶量基本上处于20kg左右，乳脂率和乳蛋白率分别在4.5%和3.5%以上，体细胞数基本在30万个/mL

以下，原料奶质量整体较高，干物质含量也较高。见表2-4。

表2—4　娟姗牛测定日指标数值

年度	参测场数（个）	参测牛数（头）	日产奶量（kg）	乳脂率（%）	乳蛋白率（%）	体细胞数（万个/mL）
2013	2	3 070	21.1	5.71	3.91	29.9
2014	4	8 028	20.1	4.96	3.72	27.2
2015	3	6 153	19.3	4.57	3.59	30.2
2016	3	4 996	16.7	4.79	3.56	29.3

背景专栏

奶牛生产性能测定大事记

1992 中日天津奶业发展项目在天津率先实施DHI

1995 中加奶牛育种综合项目在西安、上海、杭州实施DHI

1996 中加奶牛育种综合项目第二期，将北京等13个地区纳入

1999 中国奶业协会成立“中国荷斯坦牛全国生产性能测定工作委员会”

2006 农业部启动奶牛生产性能测定试点，测定9万头奶牛；《中国荷斯坦牛生产性能测定信息处理系统CNDHI》启用

2007 《国务院关于促进奶业持续健康发展的意见》提出要切实做好奶牛生产性能测定基础性工作；《奶牛生产性能测定技术规范》（NY/T1450—2007）颁布

2008 农业部启动奶牛生产性能测定补贴项目，覆盖16个省、自治区、直辖市以及黑龙江和新疆2个垦区，测定25万头奶牛

2009 《“测奶养牛”——奶牛生产性能测定（DHI）技术》光盘出版

2010 全国奶牛生产性能测定标准物质制备实验室建成

2012 中国荷斯坦牛育种数据网络平台上线，参测奶牛数量突破50万头

2015 农业部办公厅印发《奶牛生产性能测定工作办法（试行）》

2016 参测奶牛数量突破100万

三、青年公牛后裔测定

在奶牛群体遗传改良体系中，种公牛是影响奶牛群体遗传进展的主要因素，因此培育和选育优秀种公牛成为奶牛群体遗传改良的重中之重。青年公牛后裔测定是评定种公牛遗传素质最可靠的方法。我国青年公牛后裔测定的实施可以划分为两个阶段。

（一）全国联合后裔测定阶段（1983—2012年）

为了自主培育中国荷斯坦优秀种公牛，中国奶业协会于1983年开始组织全国青年公牛联合后裔测定，制定了《中国黑白花种公牛后裔测定暂行规范》，先后组织37个种公牛站和147个指定后测牛场参加联合后测工作。中国奶业协会负责审核参测青年公牛系谱资料，组织检测冻精质量，协调冻精交换，认定后测牛场，收集汇总数据和组织工作交流，数据统计分析等。

截至2012年5月4日，中国奶业协会共组织中国荷斯坦青年公牛联合后裔测定47批。中国奶牛数据中心收集了后测青年公牛的141 239头女儿的211 647条配种记录和1 638 669条生产性能数据，采集了34 077条公牛女儿一胎体型数据。从1983年至2012年4月，累计参测1 566头青年公牛中2007年以前出生的共705头，有551头得到验证成绩，占参测牛的78%。见图3-1、图3-2。

（二）以公牛站为主体的联盟组合测定阶段（2012年至今）

自2012年起，联合后测的主体发生了变化，部分种公牛站相继组建了两个联盟，继续开展青年公牛后裔测定工作。这些联盟的后裔测定数据均提交到中国奶牛数据中心。

截至2016年年底，中国奶牛数据中心收集青年公牛后裔测定数据达

到25.9万条。其中，中国北方奶业主产区部分公牛站组建的后裔测定联盟共计交换19批次380头青年公牛11.8万余支冻精，香山后裔测定联盟共计交换105头青年公牛4万支冻精。

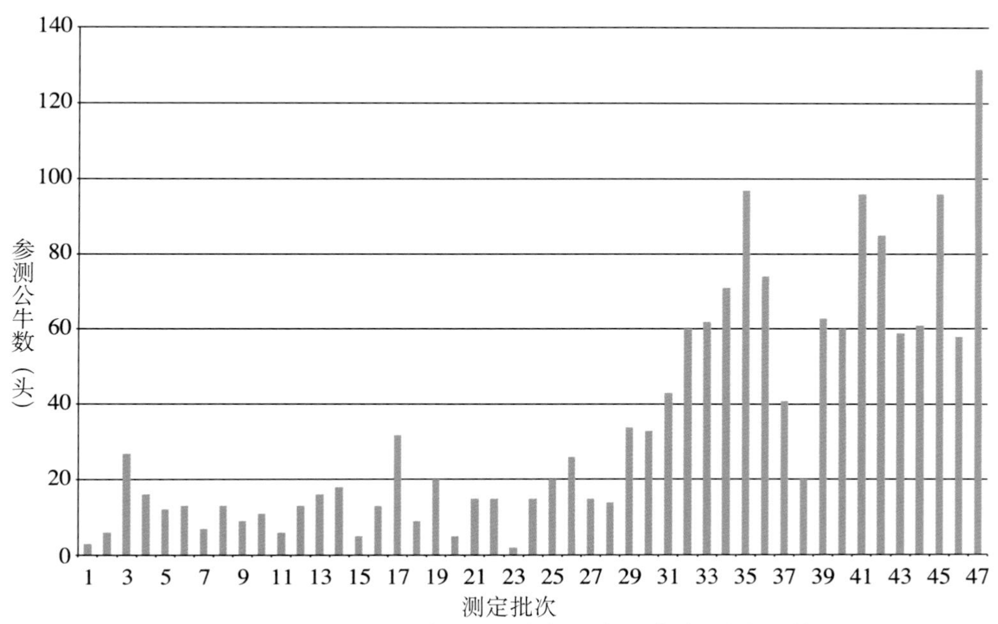

图3-1　1983—2012年全国联合后裔测定参测公牛数量

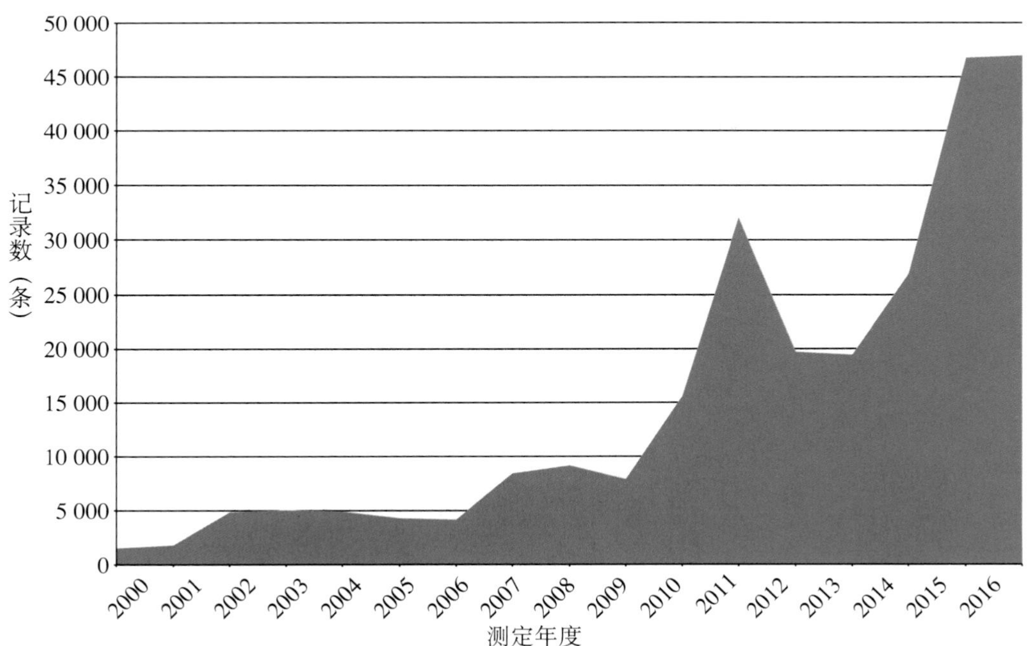

图3-2　2000—2016年青年公牛后裔测定数据收集情况

背景专栏

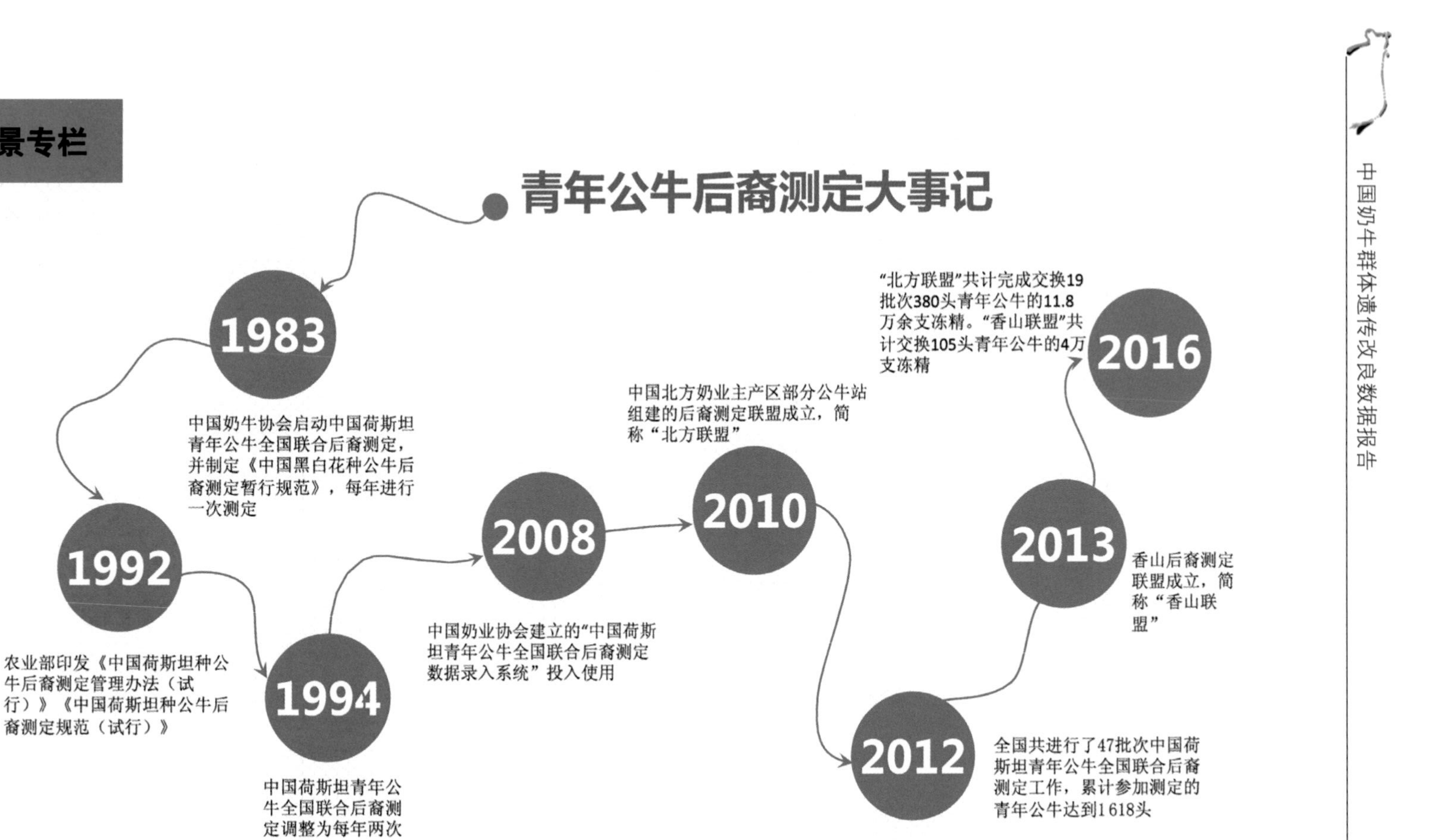
青年公牛后裔测定大事记
1983
中国奶牛协会启动中国荷斯坦青年公牛全国联合后裔测定，并制定《中国黑白花种公牛后裔测定暂行规范》，每年进行一次测定
1992
农业部印发《中国荷斯坦种公牛后裔测定管理办法（试行）》《中国荷斯坦种公牛后裔测定规范（试行）》
1994
中国荷斯坦青年公牛全国联合后裔测定调整为每年两次
2008
中国奶业协会建立的“中国荷斯坦青年公牛全国联合后裔测定数据录入系统”投入使用
2010
中国北方奶业主产区部分公牛站组建的后裔测定联盟成立，简称“北方联盟”
2012
全国共进行了47批次中国荷斯坦青年公牛全国联合后裔测定工作，累计参加测定的青年公牛达到1 618头
2013
香山后裔测定联盟成立，简称“香山联盟”
2016
“北方联盟”共计完成交换19批次380头青年公牛的11.8万余支冻精。“香山联盟”共计交换105头青年公牛的4万支冻精

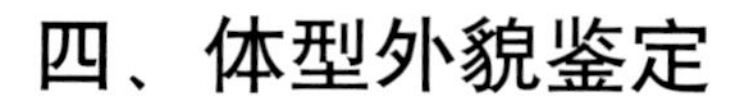

四、体型外貌鉴定

体型外貌鉴定是奶牛群体遗传改良的重要内容之一，奶牛许多体型性状与其体质健康、繁殖性能和在群生产寿命等有着密切的关联度。农业部授权中国奶业协会组织开展全国奶牛体型外貌鉴定。

自1990年开始，中国奶业协会先后起草编制了《奶牛体型线性鉴定技术规范》《中国荷斯坦牛体型线性鉴定实施方案（试行）》（1995—1999年）、《中国荷斯坦奶牛体型外貌鉴定规程》和《中国荷斯坦牛体型线性鉴定性状及评分标准》。依据这些技术规范，从2000年至2016年，参加中国荷斯坦牛体型外貌鉴定的牛场达1 006个，累计鉴定奶牛25.4万头。见图4-1和附录2。

开展中国荷斯坦牛体型外貌鉴定的省、自治区、直辖市共有23个，其中鉴定数量超过1万头的地区有9个，介于1 000 ～ 10 000头的地区有6个，低于1 000头的地区有8个。见图4-2、图4-3、图4-4。

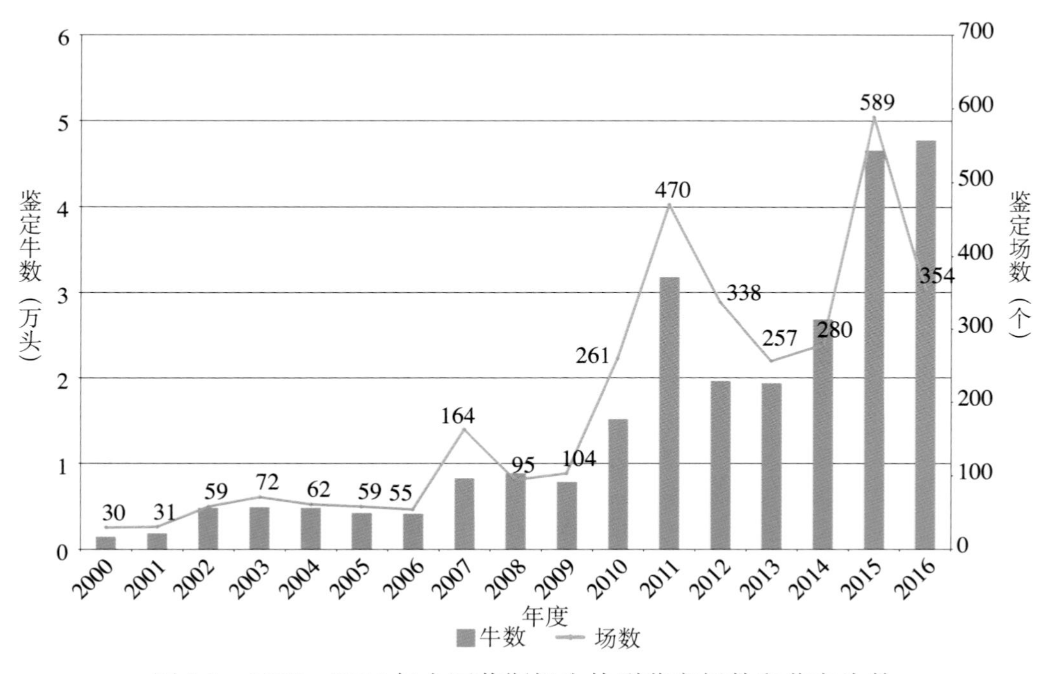

图4-1　2000—2016年中国荷斯坦牛体型鉴定场数和鉴定头数

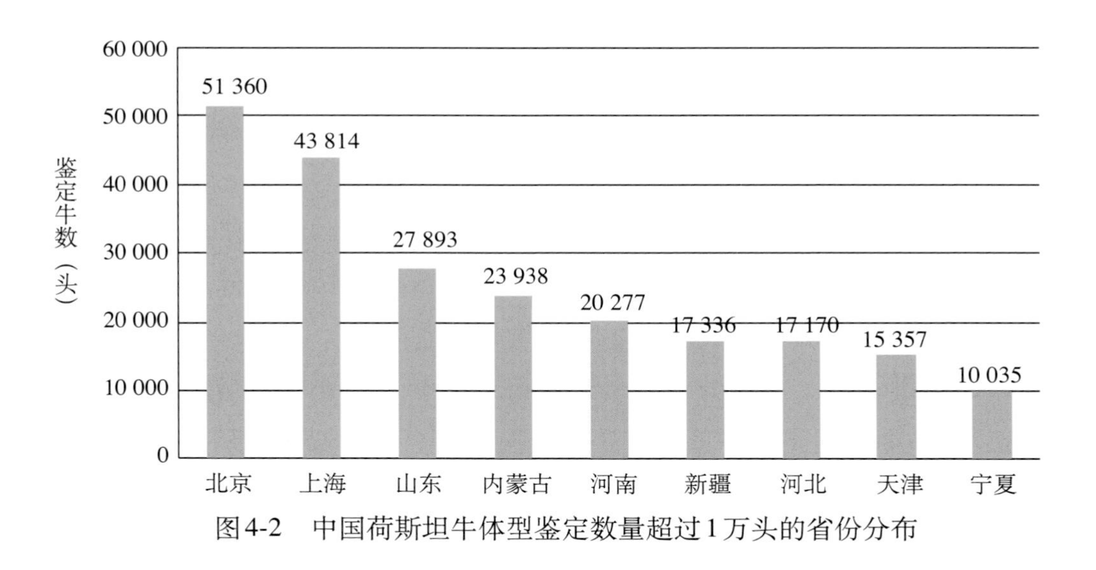

图4-2　中国荷斯坦牛体型鉴定数量超过1万头的省份分布

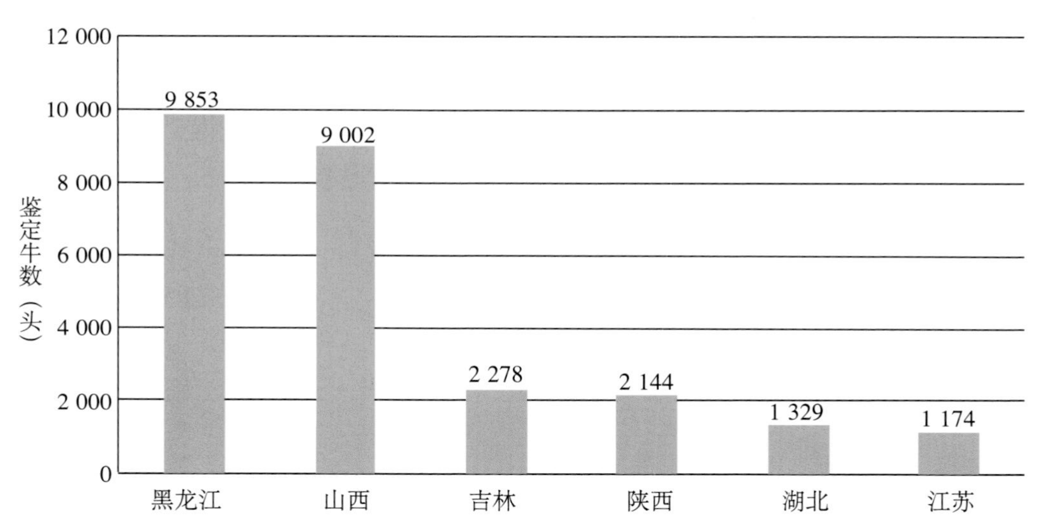

图4-3　中国荷斯坦牛体型鉴定数量介于1 000 ～ 10 000头的省份分布

截至2016年年底，中国奶业协会共备案全国18个地区的体型鉴定员178人。这些体型鉴定员成为中国荷斯坦牛体型外貌鉴定的专业技术骨干。

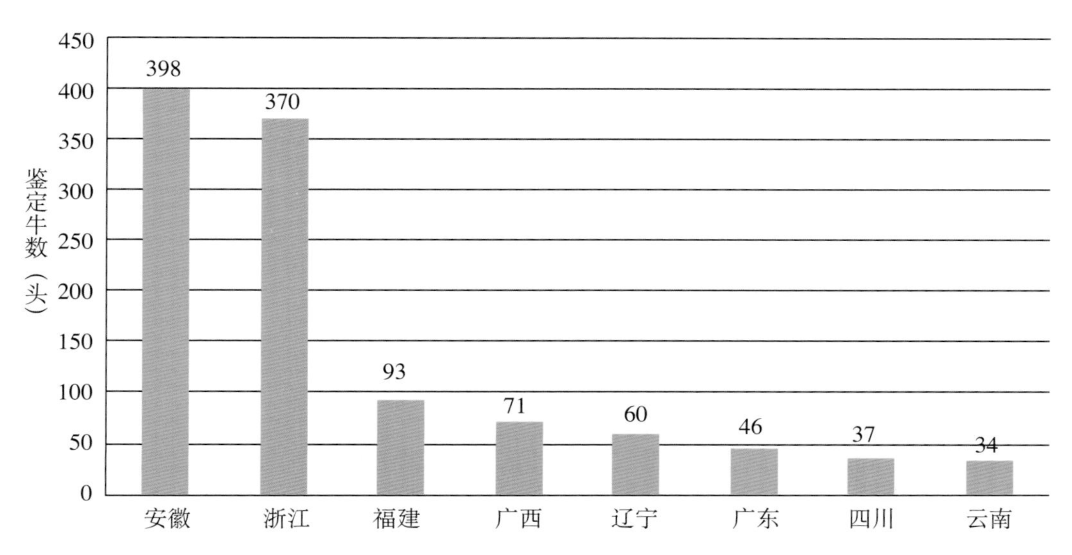

图4-4　中国荷斯坦牛体型鉴定数量低于1 000头的省份分布

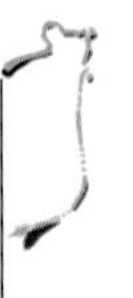

背景专栏

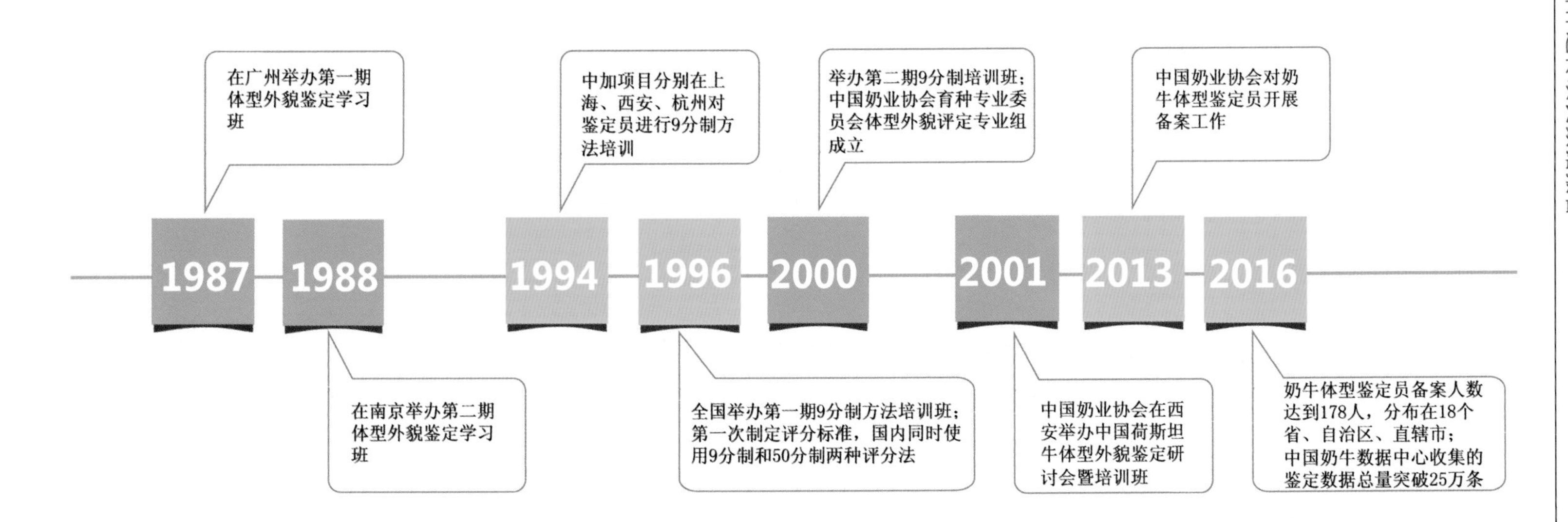

奶牛体型外貌鉴定大事记
1987
在广州举办第一期体型外貌鉴定学习班
1988
在南京举办第二期体型外貌鉴定学习班
1994
中加项目分别在上海、西安、杭州对鉴定员进行9分制方法培训
1996
全国举办第一期9分制方法培训班；第一次制定评分标准，国内同时使用9分制和50分制两种评分法
2000
举办第二期9分制培训班；中国奶业协会育种专业委员会体型外貌评定专业组成立
2001
中国奶业协会在西安举办中国荷斯坦牛体型外貌鉴定研讨会暨培训班
2013
中国奶业协会对奶牛体型鉴定员开展备案工作
2016
奶牛体型鉴定员备案人数达到178人，分布在18个省、自治区、直辖市；
中国奶牛数据中心收集的鉴定数据总量突破25万条

五、遗传评估

奶牛遗传评估是通过估计奶牛个体育种值、计算综合选择指数，对种牛的种用价值综合评定的重要的育种工作。农业部授权中国奶业协会组织开展全国奶牛遗传评估工作。

2005年，中国奶业协会育种专业委员会应用“总性能系谱指数（TPPI）”对尚未获得后测成绩的种公牛进行遗传评定。2007年又构建了“中国奶牛性能指数（CPI）”，利用中国奶牛数据中心的育种数据，对种公牛进行遗传评估，并根据实际需要适时调整数据选择条件。国内验证公牛数量逐年增加，从2007年的56头增加到2016年的1 962头。见图5-1。

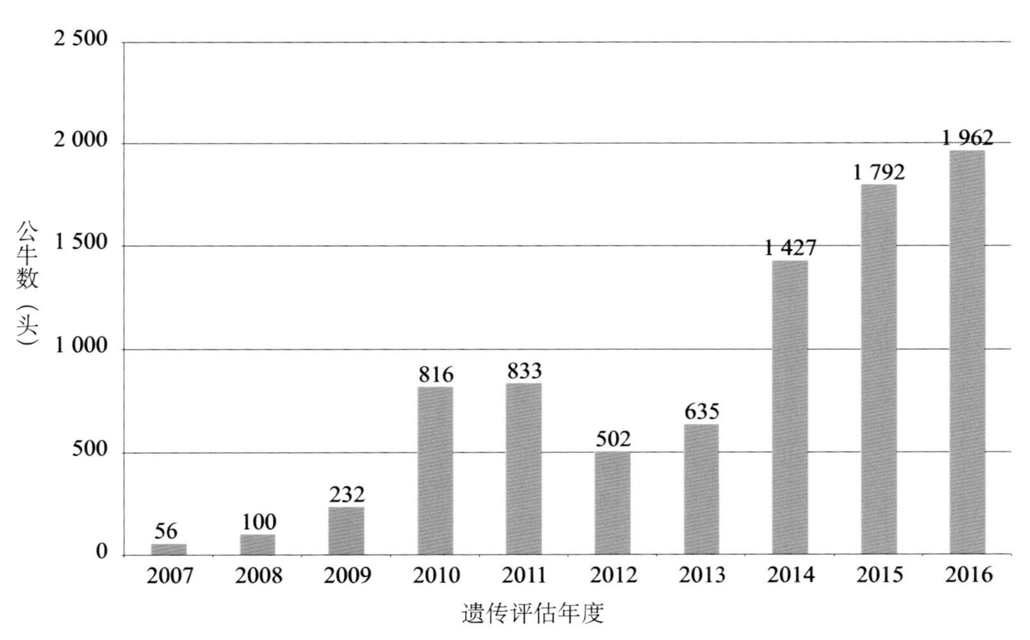

图5-1　2007—2016年全国验证公牛数量

2006年农业部启动中央财政奶牛良种补贴项目。中国奶业协会每年进行荷斯坦公牛遗传评估。根据遗传评估结果，推荐优秀公牛进行补贴。入选补贴的中国荷斯坦种公牛从2006年的399头，增加到2016年的640头，最多达到882头，有效地提高了中国荷斯坦牛良种覆盖率。见图5-2和附录10。

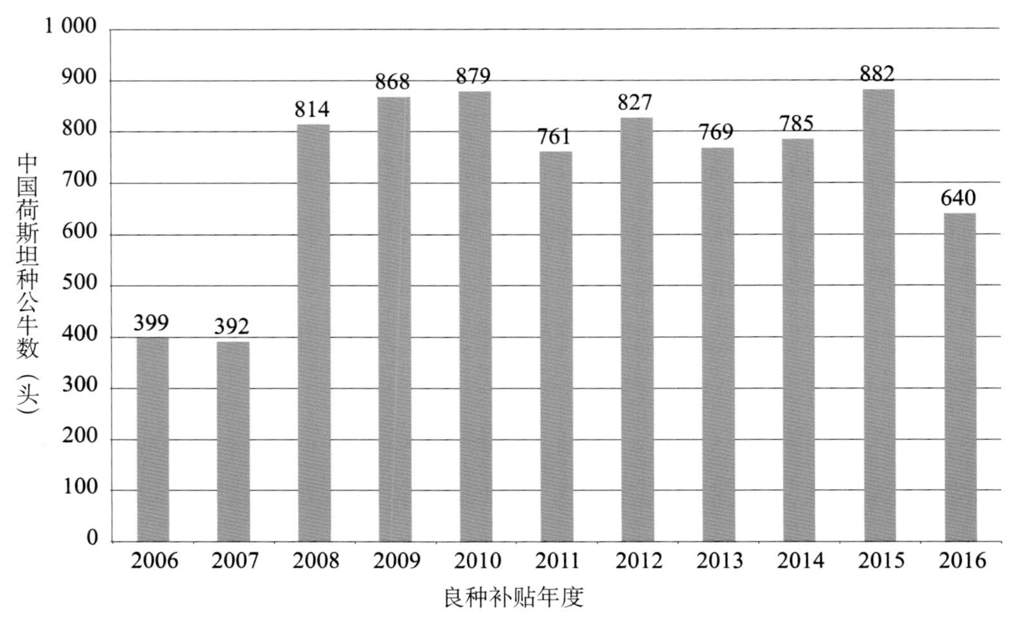

图5-2　2006—2016年中国荷斯坦种公牛入选国家奶牛良种补贴项目数量

近年来应用基因组选择方法进行种牛遗传评估逐渐成为世界奶牛遗传评定的主导技术，我国奶牛育种工作者适时开展了“中国荷斯坦牛基因组选择分子育种技术的建设与实施”工作。基因组选择是结合“基因组育种值”进行种牛选择的技术，它可以实现种公牛的早期选择，提高选种效率，加快遗传进展。2012年，农业部批准应用中国荷斯坦牛基因组选择技术。中国奶业协会自此开展荷斯坦种公牛全基因组检测服务。截至2016年年底，全国共有29个公牛站2 424头次公牛参加全基因组检测。各个公牛站全基因组检测牛的情况见表5-1。

表5-1　2012—2016年各公牛站全基因组检测概况

公牛站号	公牛站名	送检牛头数
111	北京首农畜牧发展有限公司奶牛中心	182
121	天津市奶牛发展中心	102
131	河北品元畜禽育种有限公司	177
132	秦皇岛全农精牛繁育有限公司	5
133	亚达艾格威（唐山）畜牧有限公司	82

（续）

公牛站号	公牛站名	送检牛头数
141	山西省畜牧遗传育种中心	42
151	内蒙古天和荷斯坦牧业有限公司	83
155	内蒙古赛科星繁育生物技术（集团）股份有限公司	197
211	辽宁省牧经种牛繁育中心有限公司	5
212	大连金弘基种畜有限公司	62
222	吉林省德信生物工程有限公司	15
231	黑龙江省博瑞遗传有限公司	135
232	大庆市银螺乳业有限公司	90
311	上海奶牛育种中心有限公司	289
322	南京利农奶牛育种有限公司	14
371	山东省种公牛站有限责任公司	13
373	山东奥克斯畜牧种业有限公司	245
374	先马士畜牧（山东）有限公司	53
411	河南省鼎元种牛育种有限公司	154
413	南阳昌盛牛业有限公司	10
414	洛阳市洛瑞牧业有限公司	14
511	成都汇丰动物育种有限公司	12
531	云南恒翔家畜良种科技有限公司	16
532	大理五福畜禽良种有限责任公司	20
611	陕西秦申金牛育种有限公司	6
612	西安市奶牛育种中心	73
631	青海省家畜改良中心	10
641	宁夏四正种牛育种有限公司	61
651	新疆天山畜牧生物工程股份有限公司	257
合计	29	2 424

背景专栏

奶牛遗传评估大事记

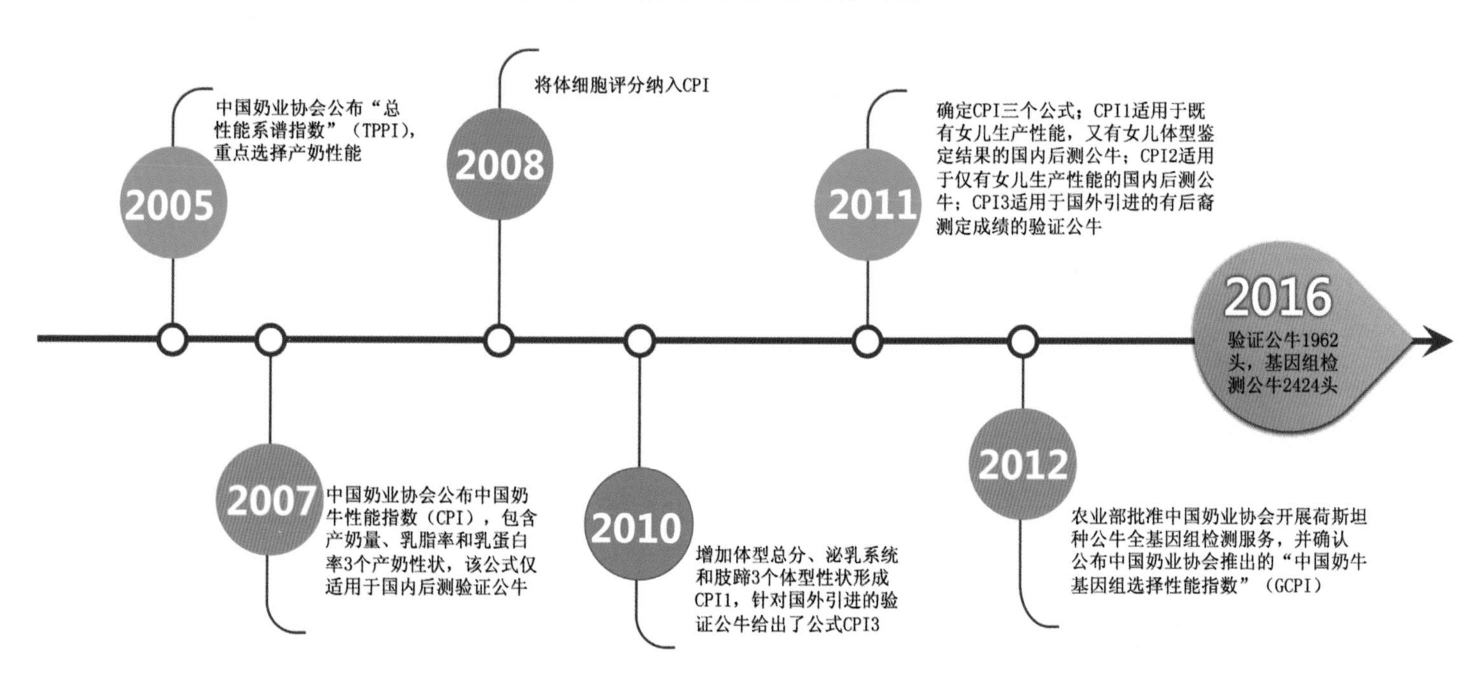

本报告呈现的大量数据及其分析结果，充分反映了我国奶牛群体遗传改良所取得的进步和成绩。特别是2008年发布实施《全国奶牛群体遗传改良计划（2008—2020)》后，奶牛品种登记和生产性能测定等基础工作不断加强，种牛遗传评估方法不断改进，奶牛整体生产性能不断提高，高产牛群比重不断增加，原料奶质量水平不断提升，为加工业提供了优质奶源，促进了奶业的转型升级。全面振兴奶业，引导扩大生鲜乳消费，需要深入推进奶业供给侧结构性改革。奶牛群体遗传改良至关重要，只有持之以恒，方能提升奶业生产效率和产业竞争力，促进奶业持续健康发展。

附　　录

说　　明

一、本附录为报告中涉及的相关图的详细数据及相关指标数值。未列入的省份地区为没有开展此项工作或没有提供相关数据。

二、中央财政资金在2006年试点支持奶牛生产性能测定工作，2008年年底设立财政专项。附录3至附录6为2006—2016年年底11年的测定数据，对不同地区、不同规模参测牛群的测定日指标数据进行了比较，对2016年的测定指标数据按月度、产犊季和不同产区进行了细分。

三、中国荷斯坦牛生产性能测定参测场数和参测牛数仅指参加全国奶牛生产性能测定的奶牛场和泌乳牛，本附录中日产奶量指每月测定日平均值，乳脂肪率、乳蛋白率和体细胞数均为与测定日产奶量进行综合计算后的加权平均值。

四、附录7和附录8为首次公布2016年参测奶牛场平均305天产奶量以及较低体细胞数的前100名参测奶牛场名单的百名榜。附录9为首次公布近五年连续参加生产性能测定的奶牛场名单。

五、国家奶牛良种补贴2005年启动试点，2006年全面实施至2016年结束，历时12年。附录10列出2006—2016年经过遗传评定的中国荷斯坦种公牛入选国家奶牛良种补贴的情况。

附录1　2016年中国荷斯坦牛登记数量

地区	登记场（个）	登记牛（头）
合计	1 345	1 251 983
北京	91	199 561
天津	57	29 558
河北	255	161 412
山西	57	33 187
内蒙古	11	11 085
辽宁	43	40 147
吉林	5	5 580
黑龙江	113	137 792
上海	148	166 108
江苏	14	31 495
浙江	8	10 463
安徽	4	4 048
福建	9	16 028
山东	147	99 194
河南	276	175 255
湖北	3	10 740
湖南	1	2 049
广东	2	11 368
广西	4	2 552
云南	19	9 907
陕西	14	11 053
宁夏	26	39 532
新疆	38	43 869

注：此表数据是1992—2016年中国荷斯坦牛累计登记的数量。

附录2　2016年中国荷斯坦牛体型鉴定数量

地区	牛场（个）	鉴定牛数（头）
合计	1 006	254 069
北京	59	51 360
天津	30	15 357
河北	127	17 170
山西	49	9 002
内蒙古	48	23 938
辽宁	7	60
吉林	6	2 278
黑龙江	74	9 853
上海	115	43 814
江苏	11	1 174
浙江	2	370
安徽	2	398
福建	3	93
山东	196	27 893
河南	143	20 277
湖北	3	1 329
广东	3	46
广西	3	71
四川	3	37
云南	2	34
陕西	17	2 144
宁夏	47	10 035
新疆	56	17 336

注：此表数据是2000—2016年中国荷斯坦牛累计鉴定的数量。

附录3　2006—2016年中国荷斯坦牛生产性能测定统计数据

附录3-1　2006年中国荷斯坦牛生产性能测定统计数据

地区	参测牛场（个）	参测牛数（头）	日产奶量（kg）	乳脂率（%）	乳蛋白率（%）	体细胞数（万个/mL）
合计/平均	256	61 109	25.3	3.78	3.08	35.7
北京	56	21 254	27.5	3.96	3.13	30.7
天津	81	15 953	22.2	3.54	3.05	49.5
山西	8	815	22.6	3.4	3.27	45.2
黑龙江	21	2 250	17.8	4.11	3.23	58.6
上海	85	18 769	25.3	3.63	3.02	34.5
安徽	1	69	22.4	3.26	3.01	40.1
山东	4	1 999	22.0	4.16	3.04	27.0

附录3-2　2007年中国荷斯坦牛生产性能测定统计数据

地区	参测牛场（个）	参测牛数（头）	日产奶量（kg）	乳脂率（%）	乳蛋白率（%）	体细胞数（万个/mL）
合计/平均	334	123 883	21.9	3.74	3.17	53.8
北京	30	22 520	28.1	4.03	3.19	34.1
天津	44	10 967	23.1	3.98	3.13	72.8
河北	46	9 929	21.5	3.84	3.15	65.7
山西	25	4 195	20.7	3.38	3.10	68.0
内蒙古	11	558	20.3	3.38	3.12	60.4
黑龙江	43	17 639	18.3	3.89	3.28	56.0
上海	47	20 553	23.8	3.53	3.16	60.2
江苏	15	5 342	24.3	3.84	3.17	47.6
浙江	5	1 929	21.4	3.89	3.27	73.7
安徽	4	969	21.6	3.52	3.15	62.2
福建	1	185	17.9	3.66	3.30	87.9
山东	32	15 580	19.2	3.99	3.25	59.5
陕西	6	2 166	25.4	3.57	3.00	63.8

（续）

地区	参测牛场（个）	参测牛数（头）	日产奶量（kg）	乳脂率（%）	乳蛋白率（%）	体细胞数（万个/mL）
甘肃	1	597	13.3	2.78	3.67	88.6
宁夏	24	10 754	24.0	3.26	2.94	42.9

附录3–3　2008年中国荷斯坦牛生产性能测定统计数据

地区	参测牛场（个）	参测牛数（头）	日产奶量（kg）	乳脂率（%）	乳蛋白率（%）	体细胞数（万个/mL）
合计/平均	592	244 855	22.1	3.64	3.28	61.0
北京	56	28 299	28.9	3.98	3.20	32.8
天津	23	16 785	24.6	3.78	3.20	61.2
河北	69	27 568	21.3	3.76	3.74	53.6
山西	18	2 406	20.3	3.25	3.16	101.5
内蒙古	69	25 331	23.2	3.55	3.34	43.7
辽宁	7	14 313	22.0	3.61	3.28	37.0
黑龙江	75	23 476	19.1	3.79	3.31	54.1
上海	76	29 765	24.3	3.55	3.28	62.6
江苏	23	9 069	23.9	3.86	3.29	61.5
浙江	6	3 377	21.0	3.91	3.32	75.0
安徽	8	2 245	20.4	3.50	3.21	85.4
福建	3	1 377	16.0	3.28	3.25	50.3
山东	36	13 340	18.6	3.69	3.35	60.3
河南	55	12 556	19.7	3.74	3.33	49.0
广东	3	3 346	17.5	4.08	3.41	55.3
广西	1	369	24.3	3.33	3.06	74.5
陕西	6	2 414	25.3	3.43	2.90	49.7
甘肃	1	1 162	17.1	3.31	3.47	79.3
宁夏	45	24 468	23.0	3.28	3.46	96.4
新疆	12	3 189	23.7	3.91	3.34	43.8

附录3-4　2009年中国荷斯坦牛生产性能测定统计数据

地区	参测牛场（个）	参测牛数（头）	日产奶量（kg）	乳脂率（%）	乳蛋白率（%）	体细胞数（万个/mL）
合计/平均	905	351 787	22.6	3.70	3.25	60.4
北京	78	40 774	30.2	3.94	3.20	31.3
天津	31	20 134	25.7	3.72	3.19	50.2
河北	66	28 595	23.1	3.78	3.35	65.9
山西	51	10 582	19.3	3.77	3.31	92.1
内蒙古	83	24 796	24.5	3.68	3.37	28.8
辽宁	10	10 831	20.6	3.93	3.17	47.8
吉林	2	1 296	20.7	3.88	3.21	41.0
黑龙江	97	51 923	20.1	3.64	3.26	60.2
上海	73	27 959	22.4	3.58	3.26	89.9
江苏	38	14 947	23.0	3.79	3.26	59.9
浙江	8	5 520	20.8	3.76	3.29	86.6
安徽	8	2 841	20.3	3.63	3.20	97.7
山东	79	28 646	18.9	3.82	3.22	61.2
河南	75	20 668	20.8	3.65	3.21	47.9
湖北	2	871	20.7	4.12	3.07	37.0
湖南	5	1 485	15.3	3.56	3.22	28.8
广东	4	3 935	17.8	3.79	3.39	59.9
广西	1	491	23.1	3.36	3.01	78.4
贵州	1	207	14.1	3.49	3.22	70.8
云南	31	6 942	14.4	3.76	3.26	124.0
重庆	4	1 429	17.8	3.53	3.13	58.4
陕西	92	17 617	22.1	3.68	3.22	91.4
甘肃	1	1 213	17.4	3.34	3.30	48.6
宁夏	44	19 272	24.5	3.26	3.32	93.0
新疆	16	6 069	28.4	3.69	3.17	61.8

附录3–5　2010年中国荷斯坦牛生产性能测定统计数据

地区	参测牛场（个）	参测牛数（头）	日产奶量（kg）	乳脂率（%）	乳蛋白率（%）	体细胞数（万个/mL）
合计/平均	1 034	414 056	23.0	3.68	3.25	46.7
北京	79	40 094	31.5	3.77	3.19	32.7
天津	31	21 097	27.3	3.77	3.23	37.3
河北	87	32 728	24.1	3.79	3.33	46.4
山西	55	16 480	17.5	3.60	3.22	52.3
内蒙古	42	29 661	24.5	3.34	3.35	38.4
辽宁	16	14 565	20.9	4.01	3.26	39.4
吉林	1	367	17.7	3.99	3.24	41.0
黑龙江	113	59 646	19.8	3.61	3.25	48.5
上海	116	40 610	25.3	3.59	3.20	44.6
江苏	41	17 030	24.0	3.75	3.28	42.0
浙江	8	5 337	22.1	3.95	3.25	68.3
安徽	8	2 958	22.0	3.62	3.21	55.0
福建	7	3 112	20.6	3.78	3.29	77.1
山东	102	28 780	18.7	3.82	3.30	46.9
河南	94	23 427	19.9	3.57	3.22	45.8
湖北	11	5 897	17.8	3.74	3.23	57.0
湖南	6	2 044	15.7	3.77	3.22	31.3
广东	3	3 710	20.9	3.51	3.31	38.4
广西	3	1 061	20.9	3.55	3.11	62.2
贵州	2	324	14.7	3.75	3.29	48.1
云南	37	10 252	15.4	3.67	3.22	82.3
重庆	4	1 684	18.8	3.63	3.31	48.8
陕西	82	14 632	21.7	3.66	3.22	62.4
宁夏	50	19 860	25.8	3.79	3.37	56.8
新疆	36	18 700	25.0	3.79	3.21	58.2

附录3-6　2011年中国荷斯坦牛生产性能测定统计数据

地区	参测牛场（个）	参测牛数（头）	日产奶量（kg）	乳脂率（%）	乳蛋白率（%）	体细胞数（万个/mL）
合计/平均	1 059	461 668	24.1	3.66	3.28	43.5
北京	48	32 185	32.6	3.66	3.20	27.9
天津	33	20 741	28.3	3.77	3.26	32.3
河北	114	53 155	24.6	3.72	3.32	43.0
山西	52	14 399	19.9	3.55	3.25	53.6
内蒙古	32	21 665	29.2	3.39	3.38	34.1
辽宁	20	20 680	21.6	3.98	3.28	36.6
吉林	1	473	19.2	3.86	3.33	43.8
黑龙江	115	71 832	20.3	3.56	3.26	44.2
上海	110	42 640	26.8	3.67	3.32	43.9
江苏	37	15 230	25.3	3.68	3.31	45.8
浙江	5	2 636	23.2	3.92	3.32	55.5
安徽	8	3 157	24.1	3.57	3.27	51.0
福建	6	2 065	18.9	3.72	3.35	62.9
山东	135	38 850	19.7	3.68	3.34	52.3
河南	105	26 015	21.5	3.43	3.23	39.0
湖北	17	6 572	16.9	3.88	3.29	79.2
湖南	6	2 271	17.4	3.83	3.27	21.2
广东	3	4 012	22.1	3.61	3.38	25.5
广西	4	1 646	21.6	3.44	3.20	53.1
贵州	2	498	13.6	3.71	3.37	47.0
云南	35	10 945	16.7	3.55	3.23	69.2
重庆	4	1 408	21.4	3.62	3.44	51.6
陕西	68	20 935	22.3	3.81	3.20	48.3
宁夏	52	22 669	27.7	3.81	3.30	52.8
新疆	47	24 989	24.9	3.79	3.19	49.0

附录3-7　2012年中国荷斯坦牛生产性能测定统计数据

地区	参测牛场（个）	参测牛数（头）	日产奶量（kg）	乳脂率（%）	乳蛋白率（%）	体细胞数（万个/mL）
合计/平均	1 043	525 714	24.5	3.71	3.26	39.7
北京	55	36 714	31.7	3.72	3.22	26.0
天津	35	21 934	30.2	3.78	3.23	29.6
河北	116	68 121	26.2	3.79	3.31	38.0
山西	41	14 106	21.4	3.42	3.17	48.2
内蒙古	36	43 596	26.8	3.68	3.37	36.5
辽宁	57	31 990	21.6	3.74	3.22	35.8
吉林	1	421	15.2	3.92	3.2	35.0
黑龙江	90	61 621	19.6	3.63	3.33	32.5
上海	119	54 388	27.0	3.77	3.28	45.1
江苏	14	7 267	25.0	3.58	3.27	51.2
浙江	2	2 300	22.2	4.1	3.54	59.0
安徽	4	706	22.7	3.91	3.3	54.0
福建	5	1 147	20.1	3.65	3.20	54.8
山东	136	37 567	20.9	3.69	3.21	48.8
河南	114	30 812	20.9	3.53	3.18	42.9
湖北	17	14 397	22.3	3.63	3.26	53.3
湖南	6	2 070	19.3	3.76	3.25	25.0
广东	4	5 339	22.3	3.83	3.37	29.2
广西	5	1 693	19.3	3.72	3.17	53.4
贵州	1	269	14.6	3.65	3.32	60.4
云南	34	8 795	18.2	3.52	3.15	68.3
重庆	5	2 767	22.7	3.56	3.28	42.6
陕西	48	26 551	22.6	3.91	3.16	33.4
宁夏	52	24 834	27.8	3.66	3.16	49.4
新疆	46	26 309	24.9	3.81	3.19	48.3

附录3-8　2013年中国荷斯坦牛生产性能测定统计数据

地区	参测牛场（个）	参测牛数（头）	日产奶量（kg）	乳脂率（%）	乳蛋白率（%）	体细胞数（万个/mL）
合计/平均	1 036	542 408	24.4	3.77	3.29	41.3
北京	60	38 150	30.4	3.74	3.22	31.1
天津	30	21 967	29.9	3.86	3.31	28.5
河北	125	74 927	22.9	3.93	3.31	47.0
山西	46	16 751	22.6	3.52	3.26	49.9
内蒙古	32	30 602	29.0	3.97	3.41	47.8
辽宁	73	45 762	22.6	3.86	3.30	27.8
吉林	3	247	30.8	4.08	3.42	16.9
黑龙江	94	70 684	19.9	3.71	3.36	42.4
上海	105	48 942	27.5	3.65	3.27	42.9
江苏	13	5 613	26.8	3.59	3.28	51.6
浙江	3	2 189	22.1	4.06	3.46	54.2
安徽	2	505	21.4	3.28	3.16	72.3
福建	6	5 177	24.3	3.76	3.28	57.2
山东	117	40 315	21.9	3.72	3.29	44.4
河南	115	31 823	22.1	3.61	3.19	42.9
湖北	18	16 078	23.8	3.58	3.27	36.9
湖南	6	2 174	19.8	3.65	3.21	22.4
广东	4	5 050	23.2	3.97	3.29	27.7
广西	3	1 683	19.8	3.91	3.23	48.9
云南	33	6 850	18.4	3.41	3.26	66.2
重庆	5	1 882	22.9	3.51	3.33	37.8
陕西	52	27 388	23.6	3.83	3.28	30.9
宁夏	49	26 073	28.2	3.82	3.24	42.3
新疆	42	21 576	25.1	3.82	3.19	41.6

附录3–9　2014年中国荷斯坦牛生产性能测定统计数据

地区	参测牛场（个）	参测牛数（头）	日产奶量（kg）	乳脂率（%）	乳蛋白率（%）	体细胞数（万个/mL）
合计/平均	1 178	723 636	25.8	3.78	3.28	38.7
北京	62	44 881	31.2	3.69	3.16	26.9
天津	32	22 956	31.2	3.91	3.31	22.1
河北	165	82 886	24.7	3.94	3.31	31.6
山西	74	25 576	23.8	3.58	3.27	50.9
内蒙古	39	48 588	28.1	4.03	3.38	44.4
辽宁	38	40 294	23.3	3.97	3.38	23.9
吉林	5	749	35.6	4.35	3.74	11.6
黑龙江	97	114 379	23.4	3.73	3.34	58.1
上海	99	50 829	28.3	3.71	3.22	40.2
江苏	13	6 286	26.6	3.72	3.29	45.4
浙江	4	2 892	24.6	3.97	3.29	44.8
安徽	3	1 231	24.2	3.73	3.23	48.3
福建	6	5 118	25.6	3.81	3.30	64.4
山东	137	57 660	26.3	3.74	3.32	37.9
河南	167	74 483	23.0	3.57	3.18	35.1
湖北	20	17 603	26.7	3.44	3.31	29.0
湖南	16	6 358	18.1	3.54	3.18	17.1
广东	5	6 389	25.4	3.91	3.31	27.3
广西	3	1 615	21.0	3.91	3.26	49.4
云南	39	12 188	19.6	3.57	3.20	49.9
重庆	3	1 154	23.4	3.78	3.31	36.7
陕西	51	29 529	25.5	3.94	3.36	29.9
宁夏	50	33 994	29.1	3.88	3.21	33.7
新疆	50	35 998	25.4	3.80	3.19	37.8

附录3-10 2015年中国荷斯坦牛生产性能测定统计数据

地区	参测牛场（个）	参测牛数（头）	日产奶量（kg）	乳脂率（%）	乳蛋白率（%）	体细胞数（万个/mL）
合计/平均	1 302	794 969	27.1	3.76	3.23	34.3
北京	72	49 434	31.5	3.77	3.12	26.7
天津	34	24 631	31.9	3.78	3.21	23.1
河北	171	89 601	26.8	3.89	3.25	24.4
山西	66	25 135	25.1	3.62	3.24	37.0
内蒙古	33	58 656	28.8	3.99	3.29	37.0
辽宁	31	36 447	23.3	3.79	3.27	21.4
吉林	5	3 900	34.1	4.44	3.79	27.1
黑龙江	108	110 120	27.6	3.73	3.34	52.9
上海	110	52 639	30.0	3.67	3.14	34.8
江苏	20	9 911	28.6	3.62	3.25	42.9
浙江	8	4 120	25.2	4.01	3.19	41.5
安徽	3	1 369	27.0	3.73	3.17	41.3
福建	11	8 196	27.0	3.84	3.29	57.4
山东	194	79 342	27.2	3.68	3.27	33.5
河南	203	91 508	23.6	3.68	3.13	32.5
湖北	19	13 854	27.2	3.47	3.21	27.7
湖南	18	7 650	18.6	3.54	3.19	27.5
广东	5	6 197	23.6	4.08	3.36	28.9
广西	2	890	20.9	3.84	3.27	46.8
四川	4	2 968	26.6	3.76	3.22	24.5
云南	36	11 607	20.0	3.44	3.13	52.5
重庆	1	369	21.1	3.54	3.37	58.5
陕西	50	31 810	25.7	4.00	3.20	27.1
宁夏	45	40 147	31.1	3.69	3.15	24.5
新疆	53	34 468	25.1	3.75	3.19	38.5

附录3-11　2016年中国荷斯坦牛生产性能测定统计数据

地区	参测牛场（个）	参测牛数（头）	日产奶量（kg）	乳脂率（%）	乳蛋白率（%）	体细胞数（万个/mL）
合计/平均	1 543	1 005 496	28.07	3.83	3.30	29.6
北京	63	43 205	32.3	3.88	3.22	29.3
天津	39	28 514	31.8	3.61	3.27	20.5
河北	313	139 869	27.3	3.88	3.31	25.8
山西	66	29 083	27.5	3.64	3.33	29.1
内蒙古	61	110 968	29.8	3.98	3.40	41.4
辽宁	33	31 506	24.1	4.03	3.25	22.8
吉林	6	6 223	37.7	4.66	4.12	6.4
黑龙江	115	157 035	28.3	3.80	3.35	33.8
上海	98	42 444	31.2	3.56	3.18	27.4
江苏	29	27 011	31.4	3.70	3.21	29.3
浙江	10	4 923	29.2	3.84	3.24	36.6
安徽	10	4 949	29.3	3.08	3.30	33.2
福建	13	11 585	30.1	3.73	3.27	34.5
山东	202	83 476	27.1	3.74	3.33	25.3
河南	249	114 916	25.9	4.02	3.28	29.1
湖北	24	16 253	28.2	3.66	3.33	23.2
湖南	19	7 588	19.4	3.54	3.26	50.5
广东	5	6 298	24.7	3.78	3.25	24.6
广西	3	3 425	25.1	3.75	3.23	39.3
四川	4	3 805	27.7	3.78	3.20	20.3
贵州	1	768	22.4	3.77	3.24	35.6
云南	28	13 791	24.4	3.74	3.22	24.0
陕西	46	22 673	27.2	3.97	3.33	22.4
宁夏	43	40 720	31.9	3.73	3.29	22.7
新疆	63	54 468	25.4	3.68	3.23	36.8

附录4　2006—2016年不同参测规模中国荷斯坦牛生产性能统计数据

附录4–1　2006年全国不同参测规模中国荷斯坦牛生产性能测定统计数据

参测规模（头）	参测牛场（个）	日产奶量（kg）	乳脂肪率（%）	乳蛋白率（%）	体细胞数（万个/mL）
＜50	53	21.8	3.56	3.13	46.6
50～99	67	22.8	3.55	3.08	45.8
100～199	46	23.9	3.65	3.12	44.6
200～499	46	24.1	3.66	3.04	35.1
500～999	39	26.7	3.86	3.11	33.6
≥1 000	5	24.7	3.85	3.01	35.8

附录4–2　2007年全国不同参测规模中国荷斯坦牛生产性能测定统计数据

参测规模（头）	参测牛场（个）	日产奶量（kg）	乳脂肪率（%）	乳蛋白率（%）	体细胞数（万个/mL）
＜50	22	20.0	3.47	3.08	54.5
50～99	37	22.1	3.64	3.23	92.2
100～199	94	21.3	3.72	3.20	69.6
200～499	98	22.4	3.76	3.20	56.2
500～999	68	24.8	3.93	3.20	45.4
≥1 000	15	24.1	3.78	3.15	58.3

附录4—3　2008年全国不同参测规模中国荷斯坦牛生产性能测定统计数据

参测规模（头）	参测牛场（个）	日产奶量（kg）	乳脂肪率（%）	乳蛋白率（%）	体细胞数（万个/mL）
<50	44	19.1	3.51	3.80	71.0
50～99	76	20.5	3.51	3.21	80.8
100～199	142	20.7	3.68	3.41	78.9
200～499	174	21.5	3.69	3.33	60.4
500～999	117	24.4	3.75	3.28	52.2
≥1 000	39	23.7	3.71	3.29	50.9

附录4—4　2009年全国不同参测规模中国荷斯坦牛生产性能测定统计数据

参测规模（头）	参测牛场（个）	日产奶量（kg）	乳脂肪率（%）	乳蛋白率（%）	体细胞数（万个/mL）
<50	58	18.1	3.86	3.28	51.3
50～99	127	20.6	3.62	3.24	77.6
100～199	214	19.7	3.65	3.24	78.7
200～499	263	22.0	3.70	3.25	63.5
500～999	181	23.1	3.74	3.26	58.5
≥1 000	62	23.1	3.67	3.24	59.2

附录4—5　2010年全国不同参测规模中国荷斯坦牛生产性能测定统计数据

参测规模（头）	参测牛场（个）	日产奶量（kg）	乳脂肪率（%）	乳蛋白率（%）	体细胞数（万个/mL）
<50	52	20.6	3.73	3.19	58.8
50～99	122	19.3	3.67	3.26	62.6
100～199	240	20.2	3.61	3.23	53.1
200～499	345	21.4	3.69	3.25	51.5
500～999	187	23.4	3.72	3.24	46.4
≥1 000	88	24.5	3.66	3.26	41.6

附录4—6　2011年全国不同参测规模中国荷斯坦牛生产性能测定统计数据

参测规模（头）	参测牛场（个）	日产奶量（kg）	乳脂肪率（%）	乳蛋白率（%）	体细胞数（万个/mL）
＜50	33	21.0	3.59	3.34	58.4
50～99	94	19.7	3.52	3.26	53.0
100～199	249	21.1	3.52	3.28	51.7
200～499	391	22.6	3.62	3.27	50.6
500～999	196	24.1	3.67	3.26	43.6
≥1 000	96	25.5	3.70	3.30	37.5

附录4—7　2012年全国不同参测规模中国荷斯坦牛生产性能测定统计数据

参测规模（头）	参测牛场（个）	日产奶量（kg）	乳脂肪率（%）	乳蛋白率（%）	体细胞数（万个/mL）
＜50	30	19.0	3.46	3.38	46.8
50～99	79	19.7	3.54	3.23	52.5
100～199	206	21.3	3.61	3.24	46.4
200～499	415	22.9	3.66	3.23	46.5
500～999	197	25.0	3.68	3.23	40.2
≥1 000	116	25.7	3.77	3.30	34.5

附录4—8　2013年全国不同参测规模中国荷斯坦牛生产性能测定统计数据

参测规模（头）	参测牛场（个）	日产奶量（kg）	乳脂肪率（%）	乳蛋白率（%）	体细胞数（万个/mL）
＜50	24	13.6	3.70	3.65	57.3
50～99	59	20.7	3.50	3.29	55.1
100～199	217	21.2	3.65	3.27	49.7
200～499	429	22.9	3.69	3.26	46.2
500～999	176	25.2	3.72	3.27	41.5
≥1 000	131	25.2	3.86	3.32	37.3

附录4–9　2014年全国不同参测规模中国荷斯坦牛生产性能测定统计数据

参测规模（头）	参测牛场（个）	日产奶量（kg）	乳脂肪率（%）	乳蛋白率（%）	体细胞数（万个/mL）
＜50	34	16.4	3.86	3.38	49.2
50～99	76	21.4	3.54	3.24	49.0
100～199	214	22.1	3.63	3.29	48.0
200～499	411	24.0	3.71	3.26	41.3
500～999	264	25.6	3.72	3.23	36.2
≥1 000	179	26.9	3.85	3.32	38.2

附录4–10　2015年全国不同参测规模中国荷斯坦牛生产性能测定统计数据

参测规模（头）	参测牛场（个）	日产奶量（kg）	乳脂肪率（%）	乳蛋白率（%）	体细胞数（万个/mL）
＜50	23	16.3	3.57	3.24	54.3
50～99	63	21.1	3.42	3.14	40.4
100～199	232	23.5	3.58	3.22	39.4
200～499	486	25.0	3.65	3.20	34.0
500～999	320	27.0	3.76	3.19	33.8
≥1 000	178	28.5	3.82	3.26	34.3

附录4–11　2016年全国不同参测规模中国荷斯坦牛生产性能测定统计数据

参测规模（头）	参测牛场（个）	日产奶量（kg）	乳脂肪率（%）	乳蛋白率（%）	体细胞数（万个/mL）
＜50	14	20.7	3.26	3.32	30.9
50～99	62	22.3	3.37	3.31	35.9
100～199	277	24.8	3.55	3.32	31.3
200～499	593	26.2	3.70	3.29	29.8
500～999	360	28.1	3.88	3.27	28.1
≥1 000	237	29.0	3.87	3.33	30.1

附录5　2016年全国产区中国荷斯坦牛生产性能测定月度统计数据

附录5-1　2016年全国产区中国荷斯坦牛生产性能测定月度平均日产奶量

产区＼月份	平均日产奶量（kg）											
	1月	2月	3月	4月	5月	6月	7月	8月	9月	10月	11月	12月
东北—内蒙古产区	28.2	28.4	28.2	28.8	28.8	28.3	28.4	28.2	28.7	28.3	28.7	28.8
华北—鲁豫产区	28.1	28.5	28.2	29.0	29.0	28.3	26.9	25.9	26.6	27.0	27.3	28.4
西北产区	27.8	26.8	28.0	28.9	29.6	28.7	27.4	27.8	27.6	27.5	27.1	27.9
南方产区	30.0	31.2	31.4	31.4	30.7	29.3	25.4	23.6	25.3	26.3	28.2	29.5

附录5-2　2016年全国产区中国荷斯坦牛生产性能测定月度平均乳脂率

产区＼月份	平均乳脂率（%）											
	1月	2月	3月	4月	5月	6月	7月	8月	9月	10月	11月	12月
东北—内蒙古产区	3.91	3.91	3.91	3.89	3.86	3.86	3.86	3.81	3.90	3.95	4.00	4.00
华北—鲁豫产区	3.97	4.00	3.90	3.84	3.81	3.76	3.76	3.78	3.78	3.85	3.91	4.02
西北产区	3.90	3.86	3.86	3.76	3.66	3.75	3.64	3.60	3.68	3.76	3.84	3.88
南方产区	3.68	3.71	3.63	3.53	3.48	3.57	3.57	3.62	3.71	3.73	3.69	3.74

附录5–3 2016年全国产区中国荷斯坦牛生产性能测定月度平均乳蛋白率

产区＼月份	平均乳蛋白率（%）											
	1月	2月	3月	4月	5月	6月	7月	8月	9月	10月	11月	12月
东北—内蒙古产区	3.39	3.40	3.40	3.35	3.34	3.34	3.32	3.32	3.37	3.42	3.44	3.39
华北—鲁豫产区	3.35	3.32	3.30	3.27	3.24	3.21	3.17	3.21	3.29	3.37	3.39	3.42
西北产区	3.33	3.28	3.26	3.23	3.22	3.21	3.15	3.17	3.27	3.36	3.39	3.42
南方产区	3.26	3.22	3.20	3.18	3.20	3.19	3.18	3.20	3.32	3.28	3.26	3.26

附录5–4 2016年全国产区中国荷斯坦牛生产性能测定月度平均体细胞数

产区＼月份	平均体细胞数（万个/mL）											
	1月	2月	3月	4月	5月	6月	7月	8月	9月	10月	11月	12月
东北—内蒙古产区	44.4	44.0	44.1	31.1	30.3	29.7	31.7	31.9	31.2	36.1	35.8	35.0
华北—鲁豫产区	26.8	26.5	25.7	24.9	24.6	25.7	27.0	28.4	29.9	28.2	27.6	25.9
西北产区	25.5	28.1	29.7	27.4	25.2	27.0	32.1	31.8	29.5	28.2	28.1	28.3
南方产区	28.7	26.9	27.1	26.4	27.2	26.7	29.7	31.8	33.7	32.4	30.0	30.0

附录6　2016年全国产区中国荷斯坦牛生产性能测定产犊季度统计数据

产犊季 / 产区	1—3月		4—6月		7—9月		10—12月	
	日产奶量（kg）	体细胞数（万个/mL）	日产奶量（kg）	体细胞数（万个/mL）	日产奶量（kg）	体细胞数（万个/mL）	日产奶量（kg）	体细胞数（万个/mL）
东北—内蒙古产区	28.3	44.2	28.6	30.4	28.4	31.6	28.6	35.6
华北—鲁豫产区	28.3	26.3	28.7	25.1	26.5	28.4	27.6	27.2
西北产区	27.5	27.7	29.1	26.5	27.6	31.1	27.5	28.2
南方产区	30.9	27.5	30.5	26.7	24.8	31.8	28	30.7

附录7　2016年度参测奶牛场平均305天产奶量百名榜

（前100名）

排名	地区	牛场编号	牛场名称	305天产奶量（kg）	参测牛（头）
1	北京	110038	北京首农畜牧发展有限公司南口三场	11 583	738
2	宁夏	640005	宁夏农垦贺兰山奶业有限公司奶牛三场	11 531	608
3	天津	12A020	天津嘉立荷畜牧有限公司第八奶牛场分公司	11 469	464
4	北京	110064	北京首农畜牧发展有限公司小务牛场	11 386	790
5	天津	12A003	天津嘉立荷畜牧有限公司第十一奶牛场分公司	11 295	1 314
6	天津	12A018	天津嘉立荷畜牧有限公司第九奶牛场分公司	11 257	518
7	上海	310101	上海光明荷斯坦牧业有限公司南京牧场	11 215	448
8	内蒙古	151087	黑兰更牧场	11 195	4 335
9	北京	110019	北京首农畜牧发展有限公司金星牛场	11 103	1 625
10	北京	110046	北京首农畜牧发展有限公司三堡牛场	11 093	898
11	天津	12A016	天津嘉立荷畜牧有限公司示范牧场四场	11 067	716
12	山西	14F401	怀仁县下湿庄奶牛养殖场	11 063	410
13	宁夏	640009	宁夏农垦贺兰山奶业有限公司连湖奶牛场	11 014	596
14	黑龙江	23MG50	青冈县山东屯荷斯坦奶牛繁育场	10 957	309
15	天津	12A023	天津嘉立荷畜牧有限公司第六奶牛场分公司	10 953	551
16	北京	110015	北京首农畜牧发展有限公司金银岛牧场	10 939	1 736
17	天津	12A015	天津嘉立荷畜牧有限公司第十六奶牛场分公司	10 874	551
18	宁夏	640166	宁夏荷利源奶牛原种繁育有限公司	10 856	826
19	北京	110033	北京首农畜牧发展有限公司长阳四场	10 837	780
20	上海	310198	上海牛奶练江鲜奶有限公司	10 824	239
21	天津	12A009	天津嘉立荷畜牧有限公司示范牧场二场	10 795	753
22	陕西	611603	周至县集贤赵代常兴畜牧场	10 763	275

（续）

排名	地区	牛场编号	牛场名称	305天产奶量（kg）	参测牛（头）
23	宁夏	643052	宁夏夏进奶牛繁育科技有限公司	10 751	720
24	江苏	320492	盱眙卫岗牧业有限公司	10 734	694
25	宁夏	640004	宁夏农垦贺兰山奶业有限公司奶牛二场	10 717	568
26	北京	110364	北京首农畜牧发展有限公司顺三牛场	10 695	227
27	北京	110043	北京首农畜牧发展有限公司中以示范牛场	10 685	1 269
28	北京	110055	北京首农畜牧发展有限公司草厂牛场	10 653	1 131
29	北京	110031	北京首农畜牧发展有限公司长阳三场	10 652	823
30	北京	110120	北京首农畜牧发展有限公司京元牛场	10 648	237
31	北京	110200	北京鼎晟誉玖牧业有限责任公司（二场）	10 637	1 091
32	吉林	220017	白城市鑫牛乳业有限公司	10 616	699
33	上海	310107	上海光明荷斯坦牧业有限公司胡桥奶牛场	10 596	596
34	北京	110037	北京首农畜牧发展有限公司南口二场	10 567	1 323
35	北京	110709	北京首农畜牧发展有限公司里二泗牛场	10 533	620
36	山西	14K203	祁县泓润牧业有限公司	10 523	264
37	山东	37QD05	青岛佳顺养殖有限公司	10 510	471
38	北京	110045	北京首农畜牧发展有限公司半截河牛场	10 499	1 027
39	北京	110238	北京首农畜牧发展有限公司雄特牛场	10 482	745
40	北京	110505	中国农业机械化科学研究院北京农机试验站	10 473	286
41	山东	37JN25	山东申牛牧业有限公司	10 465	2 883
42	天津	12A004	天津嘉立荷畜牧有限公司第十四奶牛场分公司	10 434	1 447
43	黑龙江	23BNXH	黑龙江省九三农垦鑫海奶牛养殖专业合作社	10 429	479
44	福建	359913	南平禾原牧业有限公司	10 418	1 060
45	宁夏	640097	灵武市韩氏生态农业开发有限公司	10 401	382
46	宁夏	640190	贺兰中地生态牧场有限公司	10 313	6 153
47	天津	12A008	天津嘉立荷畜牧有限公司示范牧场一场	10 307	827
48	北京	110044	北京首农畜牧发展有限公司渠头牛场	10 275	2 125
49	北京	110054	北京首农畜牧发展有限公司奶牛中心良种场	10 274	852

（续）

排名	地区	牛场编号	牛场名称	305天产奶量（kg）	参测牛（头）
50	宁夏	640136	宁夏利莱达农林综合开发有限公司	10 262	402
51	宁夏	640066	青铜峡市康盛牧业有限责任公司	10 237	915
52	天津	12A121	天津市武清区文稷养殖有限公司	10 236	362
53	江苏	320380	康达牧场	10 234	582
54	山西	14B401	大同市新荣区伊磊牧业科技有限责任公司	10 209	1 013
55	宁夏	640064	银川市西夏区先峰奶牛养殖场	10 205	759
56	北京	110122	北京鼎晟誉玖牧业有限责任公司（一场）	10 202	1 071
57	吉林	220039	白城市恒利源乳业有限公司	10 174	665
58	北京	110135	北京市久兴养殖场	10 163	378
59	天津	12A353	天津市福润德牧业有限公司	10 161	419
60	北京	110073	北京首农畜牧发展有限公司创辉牛场	10 148	954
61	江苏	320001	南京卫岗乳业有限公司第一牧场	10 136	1 270
62	天津	12A010	天津嘉立荷畜牧有限公司示范牧场三场	10 126	806
63	内蒙古	151088	圣牧高科十三牧场	10 122	3 851
64	宁夏	640035	宁夏贺兰山奶牛原种繁育有限公司	10 119	786
65	宁夏	640024	银川市忠良农业开发股份有限公司	10 104	883
66	天津	12A021	天津市惠泽牧业有限公司	10 104	330
67	福建	359933	建阳市吉翔牧业有限公司	10 103	1 168
68	河南	41CAHN	洛阳爱荷牧业有限公司	10 099	308
69	北京	110313	北京首农畜牧发展有限公司小段牛场	10 084	416
70	北京	110057	北京首农畜牧发展有限公司第二牧场	10 075	1 791
71	上海	310172	上海振华奶牛有限公司	10 064	421
72	黑龙江	230027	白城市鑫源乳业有限公司	10 062	519
73	山东	37ZB06	淄博民丰奶牛场	10 037	237
74	宁夏	643051	吴忠市利牛畜牧科技发展有限公司	10 034	668
75	安徽	340014	芜湖卫岗乳业有限公司奶牛场	10 024	395
76	福建	359914	福建省南平市南山生态园有限公司	10 021	756

（续）

排名	地区	牛场编号	牛场名称	305天产奶量（kg）	参测牛（头）
77	宁夏	640182	贺兰县金牧养殖有限公司	10 016	456
78	内蒙古	151072	圣牧高科第五牧场	10 009	3 528
79	江苏	320003	南京卫岗乳业有限公司淳化牧场	10 000	604
80	山东	370376	德州光明生态示范奶牛养殖有限公司	9 993	1 658
81	江苏	320002	南京西岗联营牛奶场	9 971	538
82	山东	37TA08	新泰市银燕奶牛场	9 971	308
83	内蒙古	15BJ02	乌兰察布市瑞田现代农业有限公司	9 967	771
84	北京	110012	北京首农畜牧发展有限公司圣兴达牛场	9 950	1 240
85	江苏	320342	邳州市丰汇奶牛场	9 950	390
86	江苏	320397	江苏申牛牧业有限公司海丰奶牛场	9 946	6 693
87	黑龙江	23MB01	安达市友谊牧场	9 944	1 674
88	黑龙江	23GMWM	黑龙江省牡丹江农垦振东奶牛养殖合作社	9 935	274
89	天津	12A146	天津市长泰科技发展有限公司	9 931	288
90	天津	12A025	天津嘉立荷畜牧有限公司第十二奶牛场分公司	9 925	561
91	内蒙古	151073	圣牧高科第六牧场	9 923	2 234
92	内蒙古	1502ES	二什家牧场	9 918	2 204
93	天津	12A125	大老李牛农有限公司	9 912	470
94	宁夏	640003	宁夏农垦贺兰山奶业有限公司奶牛一场	9 911	717
95	辽宁	210601	宽甸中地生态牧场有限公司	9 894	334
96	吉林	220122	白城市兴盛乳业有限公司	9 893	657
97	江苏	320490	杰隆牧场	9 892	495
98	山东	37QD03	青岛澳新苑畜牧有限公司	9 892	248
99	黑龙江	23FB14	铁力桃山镇奶牛养殖小区	9 870	1 222
100	内蒙古	151095	犇腾第九牧场（卡台基牧场）	9 861	1 440

附录8　2016年度参测奶牛场体细胞数百名榜

（前100名）

排名	地区	牛场编号	牛场名称	体细胞数（万个/mL）	参测牛（头）
1	黑龙江	23HNWN	哈尔滨完达山奶牛养殖有限公司军川分公司	5.3	646
2	吉林	220018	长春市富民养殖场	5.8	1 077
3	吉林	220122	白城市兴盛乳业有限公司	6.1	1 023
4	吉林	220027	白城市鑫源养殖场	6.4	800
5	吉林	220013	长春市畅达奶牛养殖场	6.4	1 184
6	新疆	65B056	呼图壁种牛场牧六场	6.5	909
7	辽宁	210909	阜新高新区贵水奶牛养殖场	6.7	905
8	吉林	220039	白城市恒利源乳业有限公司	6.7	1 057
9	黑龙江	230027	白城市鑫源乳业有限公司	6.8	645
10	辽宁	210908	阜新市广德奶牛养殖场	6.8	910
11	云南	531227	陆良戚家山牧场	6.9	1 748
12	吉林	220017	白城市鑫牛乳业有限公司	7.2	1 082
13	辽宁	212303	辽宁阜新永丰牧场	7.4	444
14	辽宁	212302	辽宁阜蒙县亨亨牧场	7.5	427
15	辽宁	210907	阜新市高新区林森牧场	7.7	835
16	辽宁	212304	辽宁昌图溢康奶牛养殖专业合作社	8.0	415
17	辽宁	210904	阜新市卫国奶牛养殖场	8.2	703
18	辽宁	212301	辽宁昌图绿野牧场	8.4	419
19	陕西	614505	陕西农垦牧业	8.4	4 439
20	辽宁	210902	凤江饲养场	8.5	845
21	湖北	42AB01	武汉光明生态示范奶牛场	8.8	1 525
22	江苏	320285	盐城市泰来神奶业有限公司	8.9	629
23	天津	12A015	天津嘉立荷畜牧有限公司第十六奶牛场分公司	9.3	581

（续）

排名	地区	牛场编号	牛场名称	体细胞数（万个/mL）	参测牛（头）
24	河北	13EQ01	乐源牧业威县有限公司	10.0	1 610
25	辽宁	210905	阜新市宏伟奶牛养殖场	10.2	757
26	上海	31SH64	上海秋红奶牛有限公司	10.5	460
27	河北	13AA11	乐源牧业鹿泉有限公司	10.5	1 787
28	山东	37LC14	临清乳泰牧业有限公司	10.6	663
29	陕西	614400	陕西世丰畜牧科技有限公司百利示范园一场	10.8	272
30	山西	14B007	大同市良种奶牛有限责任公司	10.8	704
31	江苏	320373	江苏申牛牧业有限公司申丰奶牛场	10.9	5 591
32	黑龙江	230398	富裕光明生态示范奶牛养殖有限公司	11.4	3 098
33	山东	37QD05	青岛佳顺养殖有限公司	12.0	489
34	黑龙江	23JNBB	黑龙江红兴隆农垦犇犇奶牛养殖农民专业合作社	12.0	770
35	山西	14B401	大同市新荣区伊磊牧业科技有限责任公司	12.0	1 022
36	天津	12A026	嘉立荷（山东）牧业有限公司	12.2	1 676
37	山东	370376	德州光明生态示范奶牛养殖有限公司	12.2	1 686
38	黑龙江	23NNXW	北安农垦鑫旺牧场专业合作社	12.4	706
39	内蒙古	151100	星连星永和惠农牧场	12.6	475
40	陕西	611603	周至县集贤赵代常兴畜牧场	12.7	282
41	山西	14M001	山西永济市超人奶业有限责任公司	12.7	880
42	黑龙江	23NNJA	北安农垦金澳牧场专业合作社	12.8	828
43	山东	37RZ13	日照东篱牧业	12.9	512
44	天津	12A025	天津嘉立荷畜牧有限公司第十二奶牛场分公司	12.9	598
45	河北	13FY01	保定宏达牧业有限公司	12.9	688
46	山东	37JLH3	山东嘉立荷第三牧场	13.1	725
47	山东	37JLH4	山东嘉立荷第四牧场	13.1	730
48	四川	510005	青白江牧场	13.1	872
49	黑龙江	23NNLJ	北安农垦龙嘉牧场专业合作社	13.2	847

（续）

排名	地区	牛场编号	牛场名称	体细胞数（万个/mL）	参测牛（头）
50	云南	536122	牛牛乳业有限公司	13.2	935
51	宁夏	640190	贺兰中地生态牧场有限公司	13.2	6 995
52	河南	410401	滑县光明生态示范奶牛养殖有限公司	13.3	1 679
53	河南	41APTM	郑州蒲田畜牧业发展有限公司	13.4	263
54	河北	13ZY07	中鼎牧业（张北）有限公司	13.5	1 479
55	辽宁	210116	常家屯牛场	13.7	1 964
56	宁夏	640166	宁夏荷利源奶牛原种繁育有限公司	13.8	893
57	上海	31SH48	上海光明荷斯坦牧业有限公司	13.9	1 421
58	辽宁	211402	安兴牧业二场	14.1	460
59	山东	37JLH1	山东嘉立荷一牧	14.3	731
60	宁夏	640173	宁夏农垦贺兰山奶业有限公司灵武奶牛三场	14.3	939
61	北京	110662	北京阔达兴业养殖场	14.5	206
62	山东	37JLH2	山东嘉立荷二牧	14.5	733
63	内蒙古	1502DY	大阳牧场	14.6	2 912
64	山东	37WF15	潍坊汇宝奶牛场	14.7	247
65	黑龙江	23FB14	铁力桃山镇奶牛养殖小区	15.2	1 373
66	山西	14M101	山西泰茂园牧业有限公司	15.3	429
67	山东	37YT03	山东朝日绿源农业高新技术有限公司	15.3	997
68	山东	37DZ10	东君乳业	15.3	6 835
69	山东	37H001	山东安山牧业有限公司	15.4	318
70	河南	41HBBN	焦作温县奔奔养殖专业合作社	15.5	274
71	山东	37BZ07	滨州大高奶牛场	15.5	475
72	天津	12A116	天津海林养殖场	15.7	359
73	河北	13AP28	行唐县磁河庄奶牛养殖小区	15.9	530
74	山东	37BZ06	滨州薛家奶牛合作社	16.1	572
75	河北	13DG02	磁县伊康牧业有限公司	16.2	293
76	北京	110064	北京首农畜牧发展有限公司小务牛场	16.2	850

（续）

排名	地区	牛场编号	牛场名称	体细胞数（万个/mL）	参测牛（头）
77	河南	41FWEN	河南维尔牧业有限公司	16.3	521
78	河北	13BC02	迁安市智联农牧有限公司	16.4	246
79	天津	12A196	天津光明荷斯坦牧业有限公司蓟县分公司（神农奶牛场）	16.4	489
80	河北	13AK05	元氏县昆仑盛泰奶牛养殖场	16.5	277
81	山东	37B006	青岛浩德瑞牧业有限公司	16.5	303
82	山东	37Q015	莒县金荞奶牛合作社	16.5	319
83	河北	13HP01	围场天添牧业有限公司	16.6	919
84	宁夏	643051	吴忠市利牛畜牧科技发展有限公司	16.7	720
85	河南	41BDQN	开封县范村乡登青奶牛养殖场	16.8	332
86	山东	37WF22	潍坊市同心奶牛养殖场	16.8	421
87	河北	13BB07	唐山市高新技术产业园区永泉奶农农民专业合作社	16.9	454
88	河南	41DPFZ	平顶山郏县发展牧业	16.9	488
89	山西	14L001	翼城县长峰农工商实业有限公司	16.9	550
90	山东	37K005	荣成每日农牧有限公司	17.0	223
91	河南	41HVQF	焦作乾丰养殖有限公司	17.0	336
92	天津	12A360	天津百圣牧场	17.0	751
93	河南	41ARYN	河南瑞亚牧业有限公司	17.0	2 111
94	湖北	42JD02	黄冈悠然牧业有限责任公司	17.0	2 596
95	山东	37M015	滨城区恒源奶牛场	17.1	225
96	河南	41RFNN	河南省孚牛牧业有限公司	17.1	276
97	云南	532002	大理蝶泉有机牧场	17.1	881
98	河北	13FQ02	乐源牧业高碑店牧场	17.1	1 269
99	天津	12A012	天津嘉立荷畜牧有限公司第七奶牛场分公司	17.1	1 472
100	河南	41CAHN	洛阳爱荷牧业有限公司	17.3	317

附录9 2012—2016年连续参加奶牛生产性能测定的奶牛场名录

序号	地区	牛场编号	牛场名称	参测牛（头）
1	北京	110012	北京首农畜牧发展有限公司圣兴达牛场	1 271
2	北京	110015	北京首农畜牧发展有限公司金银岛牧场	1 869
3	北京	110017	北京首农畜牧发展有限公司绿牧园牛场	577
4	北京	110019	北京首农畜牧发展有限公司金星牛场	1 703
5	北京	110031	北京首农畜牧发展有限公司长阳三场	860
6	北京	110033	北京首农畜牧发展有限公司长阳四场	809
7	北京	110037	北京首农畜牧发展有限公司南口二场	1 365
8	北京	110038	北京首农畜牧发展有限公司南口三场	842
9	北京	110043	北京首农畜牧发展有限公司中以示范牛场	1 327
10	北京	110044	北京首农畜牧发展有限公司渠头牛场	2 198
11	北京	110045	北京首农畜牧发展有限公司半截河牛场	1 059
12	北京	110046	北京首农畜牧发展有限公司三堡牛场	951
13	北京	110054	北京首农畜牧发展有限公司奶牛中心良种场	886
14	北京	110055	北京首农畜牧发展有限公司草厂牛场	1 235
15	北京	110057	北京首农畜牧发展有限公司第二牧场	1 864
16	北京	110064	北京首农畜牧发展有限公司小务牛场	850
17	北京	110065	北京兴发旧县奶牛场	370
18	北京	110066	北京望加养殖中心	236
19	北京	110071	北京首农畜牧发展有限公司第一牧场	1 558
20	北京	110073	北京首农畜牧发展有限公司创辉牛场	983
21	北京	110120	北京首农畜牧发展有限公司京元牛场	249
22	北京	110122	北京鼎晟誉玖牧业有限责任公司（一场）	1 294
23	北京	110131	北京宏兴成养殖有限公司	268
24	北京	110135	北京市久兴养殖场	390
25	北京	110200	北京鼎晟誉玖牧业有限责任公司（二场）	1 283
26	北京	110204	北京诚远盛隆养殖有限责任公司	110

（续）

序号	地区	牛场编号	牛场名称	参测牛（头）
27	北京	110205	北京中地种畜有限公司	3 000
28	北京	110206	北京润民养殖有限公司	799
29	北京	110207	北京昭阳牧场	507
30	北京	110209	北京市沙河春山奶牛养殖有限公司	178
31	北京	110313	北京首农畜牧发展有限公司小段牛场	429
32	北京	110505	中国农业机械化科学研究院北京农机试验站	301
33	北京	110607	北京金龙腾达养殖场	111
34	天津	12A001	天津嘉立荷畜牧有限公司第十奶牛场分公司	1 363
35	天津	12A003	天津嘉立荷畜牧有限公司第十一奶牛场分公司	1 443
36	天津	12A004	天津嘉立荷畜牧有限公司第十四奶牛场分公司	1 526
37	天津	12A006	天津嘉立荷畜牧有限公司第五奶牛场分公司	1 183
38	天津	12A008	天津嘉立荷畜牧有限公司示范牧场一场	874
39	天津	12A009	天津嘉立荷畜牧有限公司示范牧场二场	817
40	天津	12A010	天津嘉立荷畜牧有限公司示范牧场三场	849
41	天津	12A011	天津嘉立荷畜牧有限公司第十五奶牛场分公司	714
42	天津	12A012	天津嘉立荷畜牧有限公司第七奶牛场分公司	1 472
43	天津	12A015	天津嘉立荷畜牧有限公司第十六奶牛场分公司	581
44	天津	12A016	天津嘉立荷畜牧有限公司示范牧场四场	800
45	天津	12A018	天津嘉立荷畜牧有限公司第九奶牛场分公司	553
46	天津	12A020	天津嘉立荷畜牧有限公司第八奶牛场分公司	531
47	天津	12A021	天津市惠泽牧业有限公司	353
48	天津	12A023	天津嘉立荷畜牧有限公司第六奶牛场分公司	601
49	天津	12A024	钟澳（天津）奶牛有限公司	359
50	天津	12A102	天津市武清区华明奶牛场	600
51	天津	12A111	天津神驰农牧发展有限公司	1 524
52	天津	12A112	天津市宝坻区建广奶牛场	508
53	天津	12A116	天津海林养殖场	359
54	天津	12A119	天津今日健康牧场	2 266
55	天津	12A121	天津市武清区文稷养殖有限公司	374
56	天津	12A122	天津市德兴隆奶牛养殖有限公司	704

（续）

序号	地区	牛场编号	牛场名称	参测牛（头）
57	天津	12A125	大老李牛农有限公司	488
58	天津	12A130	天津市龙海奶牛养殖有限公司	244
59	天津	12A146	天津市长泰科技发展有限公司	301
60	天津	12A196	天津光明荷斯坦牧业有限公司蓟县分公司（神农奶牛场）	489
61	河北	13A003	河北品元畜禽育种有限公司	245
62	河北	13AA07	石家庄天泉良种奶牛有限公司	392
63	河北	13AB01	石家庄市鸿发良种奶牛养殖有限公司	240
64	河北	13AC01	河北金柱奶牛养殖有限公司	145
65	河北	13AD02	栾城区金朝奶牛养殖专业合作社	171
66	河北	13AG01	晋州市周家庄农牧业有限公司	348
67	河北	13AJ01	高邑县千秋有种奶牛有限公司	298
68	河北	13AK01	元氏康顺牧业有限公司	325
69	河北	13AQ02	新乐市优源奶牛养殖场	326
70	河北	13AS01	深泽县金玉奶牛养殖有限公司	321
71	河北	13AT02	河北冀丰动物营养科技有限责任公司	225
72	河北	13B502	芦台经济开发区天成奶牛场	613
73	河北	13B601	唐山汉沽兴业奶牛养殖有限公司	553
74	河北	13BC02	迁安市智联农牧有限公司	246
75	河北	13C301	抚宁县互利奶牛养殖合作社	263
76	河北	13DC03	馆陶县贵国奶牛养殖发展有限公司	312
77	河北	13DE01	邯郸市福泰达金牛养殖有限公司	900
78	河北	13EB04	宁晋隆康奶牛养殖专业合作社	400
79	河北	13EC01	河北红山乳业公司	310
80	河北	13ED01	河北三田乳业有限公司	389
81	河北	13F003	保定市南市区甲一奶农专业合作社	743
82	河北	13FA01	保定弘康奶牛养殖有限公司	242
83	河北	13FB01	保定双丰牧业有限公司	784
84	河北	13FE03	博野县兴农奶农专业合作社	302
85	河北	13FG01	保定市春利农牧业开发有限公司	474
86	河北	13FH01	唐县民富奶牛养殖有限公司	624

（续）

序号	地区	牛场编号	牛场名称	参测牛（头）
87	河北	13FH02	唐县瑞丰牧业有限公司	270
88	河北	13FR01	河北省宏利达实业有限公司奶牛养殖分公司	516
89	河北	13FR02	诚益隆农贸有限公司	327
90	河北	13FV01	涿州市华辉奶牛养殖有限公司	354
91	河北	13FY01	保定宏达牧业有限公司	688
92	河北	13FY02	满城县昊宇奶牛养殖有限公司	436
93	河北	13GA01	涿鹿县新奥牧业有限责任公司	518
94	河北	13GA02	涿鹿县天禄奶牛养殖场	200
95	河北	13GD01	怀安瑞泰农牧业有限公司	228
96	河北	13HP01	围场天添牧业有限公司	919
97	河北	13HR01	鑫宝山牧业有限公司	520
98	河北	13JB02	青县华东奶牛养殖小区	432
99	河北	13JD01	献县杨兴饲养有限公司	416
100	河北	13K006	定州赛科星伊人牧业有限公司	1 085
101	河北	13M001	辛集市润翔乳业有限公司	462
102	河北	13RE03	永清鑫隆奶牛养殖有限公司	267
103	河北	13RF02	廊坊市固安创辉奶牛场	273
104	河北	13RG05	廊坊市雪计兴农牧科技有限公司	375
105	河北	13RH01	三河顺发奶牛养殖有限公司	187
106	河北	13RH02	河北华夏畜牧（三河）有限公司	5 213
107	河北	13RH03	三河富祥奶牛养殖有公司	697
108	河北	13RM01	廊坊市天利和奶牛养殖有限公司	266
109	河北	13RM06	廊坊市广阳德隆奶牛养殖有限公司	247
110	河北	13TB01	河北和谐奶牛养殖有限公司	427
111	河北	13TC01	武邑县茂祥奶牛养殖有限公司	61
112	河北	13TH01	饶阳县牧兴养殖有限责任公司	471
113	山西	14A001	山西崇康奶牛养殖有限公司	476
114	山西	14A008	太原市兴达良种奶牛养殖基地	266
115	山西	14A011	小店区兴祥丰牧业有限公司	100
116	山西	14A014	山西旺达农牧科技有限公司	356

（续）

序号	地区	牛场编号	牛场名称	参测牛（头）
117	山西	14A201	阳曲县瑞美乳业有限公司	375
118	山西	14A301	太原市牧冠乳业有限公司	154
119	山西	14B001	大同市南郊区四方高科农牧有限公司	2 669
120	山西	14B002	大同市永成畜牧有限责任公司	969
121	山西	14B003	大同市天和牧业有限公司	489
122	山西	14B004	大同南郊区南村高新奶牛养殖区	195
123	山西	14B006	大同市南郊区新世纪奶牛养殖有限责任公司	457
124	山西	14B051	大同市南郊三鑫奶牛养殖专业合作社	230
125	山西	14D101	黎城绿源牧业有限公司	167
126	山西	14D201	长治市郊区裕昌牧业有限公司	101
127	山西	14F323	山阴县明亮奶牛专业合作社	193
128	山西	14F324	山阴县文义养殖专业合作社	274
129	山西	14F325	山西古城乳业农牧有限公司	709
130	山西	14F401	怀仁县下湿庄奶牛养殖场	449
131	山西	14F402	怀仁县犇康牧场	530
132	山西	14F403	怀仁县天顺牧业有限责任公司	415
133	山西	14H101	忻州伟业奶牛养殖有限公司	361
134	山西	14H201	山西河滩奶牛育种有限公司	935
135	山西	14H301	原平市如亮养殖专业合作社	164
136	山西	14H501	繁峙县辉煌实业有限责任公司	347
137	山西	14H601	忻州银山湖奶牛养殖有限公司	426
138	山西	14K101	晋中榆次博瑞牧业有限公司	623
139	山西	14K107	山西省昔阳大寨绿草湾牧业有限公司	269
140	山西	14K301	太谷草上飞养殖专业合作社	92
141	山西	14L001	翼城县长峰农工商实业有限公司	550
142	山西	14L002	翼城县芸翊畜牧业有限公司	113
143	山西	14L004	翼城县富华养殖有限公司	482
144	山西	14M001	山西永济市超人奶业有限责任公司	880
145	山西	14M101	山西泰茂园牧业有限公司	429
146	内蒙古	151001	蒙德隆牧场	275

（续）

序号	地区	牛场编号	牛场名称	参测牛（头）
147	内蒙古	151003	赛科星犇腾第三牧场	489
148	内蒙古	151010	托克托县古城镇牛奶场	455
149	内蒙古	151023	禾华农牧林有限公司	795
150	内蒙古	151049	伊利示范牧场	5 127
151	内蒙古	151055	托克托县古城镇友和奶牛场	644
152	内蒙古	151071	圣牧高科第三牧场	1 963
153	内蒙古	151072	圣牧高科第五牧场	3 625
154	内蒙古	151073	圣牧高科第六牧场	2 383
155	内蒙古	151074	圣牧高科第十牧场	1 602
156	内蒙古	151075	圣牧高科第十一牧场	2 653
157	内蒙古	151076	圣牧高科第二牧场	3 787
158	内蒙古	151082	内蒙古优然牧业有限责任公司大阳牧场	1 711
159	内蒙古	152003	众耀牧场	892
160	内蒙古	153001	云海秋林牧场	4 303
161	内蒙古	155004	华祺牧场	563
162	内蒙古	156001	鄂尔多斯骑士牧场	2 217
163	内蒙古	156002	达拉特旗邦城有限公司	687
164	辽宁	210008	鞍山市恒利奶牛场	277
165	辽宁	210064	王树行子牛场	2 382
166	辽宁	210084	双台子牛场	2 385
167	辽宁	210086	七家子牛场	2 514
168	黑龙江	23AA01	松花江奶牛场	4 382
169	黑龙江	23AA02	哈尔滨良种奶牛繁育中心	650
170	黑龙江	23AA04	哈尔滨杏林牧业有限公司	1 870
171	黑龙江	23AB01	哈尔滨市双城康达畜牧养殖有限公司	2 229
172	黑龙江	23AB04	哈尔滨市双城庆源乳业	3 186
173	黑龙江	23AB05	哈尔滨市双城市森利奶牛场	1 362
174	黑龙江	23AB06	哈尔滨市双城市克奥奶牛场	1 629
175	黑龙江	23AB07	哈尔滨市双城市北方奶牛场	1 853
176	黑龙江	23AC01	哈尔滨市尚志市胜利奶牛场	1 597

（续）

序号	地区	牛场编号	牛场名称	参测牛（头）
177	黑龙江	23AC02	尚志育龙牛业	1 511
178	黑龙江	23AC03	尚志五峰奶牛场	2 002
179	黑龙江	23AC05	尚志和兴奶牛场	2 385
180	黑龙江	23AC07	尚志马延长安奶牛小区	1 516
181	黑龙江	23AC09	尚志惠民牧业有限公司	1 591
182	黑龙江	23AD01	五常兴国牧业	1 546
183	黑龙江	23AE01	依兰顺翔牧业	863
184	黑龙江	23AL02	哈尔滨市呼兰区康乐奶牛场	1 358
185	黑龙江	23AM01	阿城区同顺牧业奶牛养殖园区	871
186	黑龙江	23AM02	哈尔滨市阿城区宏友牧业	2 041
187	黑龙江	23ANWN	哈尔滨完达山奶牛养殖有限公司	2 860
188	黑龙江	23BF02	飞鹤第二牧场	12 312
189	黑龙江	23BG02	泰来县鸿宇奶牛饲养农民专业合作社	1 238
190	黑龙江	23DA01	佳木斯新纪元奶牛场	504
191	黑龙江	23DB01	富锦市天野牧业有限责任公司	2 528
192	黑龙江	23DB02	富锦头兴牧业有限责任公司	1 562
193	黑龙江	23DC01	佳木斯桦南天生乳业有限公司	706
194	黑龙江	23DD03	汤原供电奶牛小区	1 112
195	黑龙江	23DD04	汤原天元奶牛场	1 411
196	黑龙江	23EA03	大庆星星火农业科技有限责任公司	346
197	黑龙江	23EA09	大庆市吉昌牧场	176
198	黑龙江	23ED01	肇源县仁和养殖有限公司	227
199	黑龙江	23FB01	铁力良种奶牛繁殖中心	861
200	黑龙江	23FB02	铁力林业局北兴奶牛养殖小区	1 754
201	黑龙江	23FB03	铁力林业局工农乡奶牛养殖小区	1 284
202	黑龙江	23FB05	铁力林业局建设奶牛养殖小区	1 192
203	黑龙江	23FB06	铁力林业局松涛奶牛小区	2 938
204	黑龙江	23FB11	铁力林业局东山奶牛小区	1 494
205	黑龙江	23FB14	铁力桃山镇奶牛养殖小区	1 373
206	黑龙江	23FB17	铁力桃山镇八公里奶牛场	1 005

（续）

序号	地区	牛场编号	牛场名称	参测牛（头）
207	黑龙江	23FB21	铁力桃山镇宏晟奶牛场	1 094
208	黑龙江	23FB22	铁力盛中奶牛场	1 088
209	黑龙江	23GB01	双鸭山市宝清县绿源奶牛养殖有限公司	917
210	黑龙江	23GC01	虎林市和协经贸有限公司良种奶牛场	949
211	黑龙江	23GC02	虎林绿都奶牛场	1 371
212	黑龙江	23GMWM	黑龙江省牡丹江农垦振东奶牛养殖合作社	281
213	黑龙江	23GN57	黑龙江省牡丹江农垦朝卫奶牛养殖专业合作社	534
214	黑龙江	23GN58	黑龙江省牡丹江农垦安兴奶牛养殖专业合作社	670
215	黑龙江	23GNQM	黑龙江省牡丹江农垦千牧奶牛养殖场	787
216	黑龙江	23GNSF	黑龙江省牡丹江农垦双峰奶牛养殖专业合作社	1 219
217	黑龙江	23GNSM	黑龙江省牡丹江农垦源泉奶牛养殖专业合作社	445
218	黑龙江	23GNXX	黑龙江省牡丹江农垦鑫兴奶牛养殖专业合作社	557
219	黑龙江	23KA02	七台河百胜奶牛场	2 865
220	黑龙江	23MA01	绥化市裕达牧业有限公司	2 930
221	黑龙江	23MB01	安达市友谊牧场	2 060
222	黑龙江	23MB02	安达益恒奶牛养殖有限公司	1 433
223	黑龙江	23MB04	安达八一奶牛场	755
224	黑龙江	23MB05	安达龙达奶牛场	1 310
225	黑龙江	23MB07	安达希望奶牛场	1 233
226	黑龙江	23MB09	安达安青乳业合作社	2 056
227	黑龙江	23MC01	肇东市东跃畜牧场	1 427
228	黑龙江	23MF01	兰西康荣奶牛小区	1 011
229	黑龙江	23MG01	青岗县山东屯奶牛场	223
230	黑龙江	23MG50	青冈县山东屯荷斯坦奶牛繁育场	338
231	黑龙江	23NNEL	二龙山农场北龙奶牛养殖基地	97
232	黑龙江	23NNGQ	北安农垦众旺奶牛养殖专业合作社	318
233	黑龙江	23NNHS	鹤山农场鹤澳奶牛繁育中心	1 422
234	黑龙江	23NNZG	北安农垦犇鑫奶牛养殖专业合作社	535
235	上海	310101	上海光明荷斯坦牧业有限公司南京牧场	477
236	上海	310106	上海奉贤南桥奶牛场	240

（续）

序号	地区	牛场编号	牛场名称	参测牛（头）
237	上海	310107	上海光明荷斯坦牧业有限公司胡桥奶牛场	610
238	上海	310108	滁州市南谯奶牛场	508
239	上海	310109	滁州市南谯奶牛场	154
240	上海	310112	上海南汇金团奶牛场	116
241	上海	310113	上海南汇正飞奶牛场	368
242	上海	310118	上海建军奶牛场	117
243	上海	310119	上海平龙奶牛场	162
244	上海	310121	上海南汇金潮奶牛场	362
245	上海	310123	浦东新区航头奶牛场	284
246	上海	310128	南石奶牛场	104
247	上海	310134	上海光明荷斯坦牧业有限公司朱二奶牛场	66
248	上海	310138	太仓市源泉奶牛场	373
249	上海	310139	上海宝罗奶牛场	521
250	上海	310140	上海盐仓奶牛场	153
251	上海	310141	上海汇宝奶牛场	122
252	上海	310142	崇明北八滧奶牛养殖小区	173
253	上海	310143	上海是崇明县星乐奶牛场	465
254	上海	310144	太仓市华忠奶牛场	851
255	上海	310146	上海祝桥奶牛场	161
256	上海	310148	上海坦东奶牛场	223
257	上海	310150	上海棉场奶牛场	108
258	上海	310151	下沙百墙奶牛场	135
259	上海	310152	上海浦东瓦屑奶牛场	100
260	上海	310153	上海闵峰奶牛场	91
261	上海	310155	金山区宏欣奶牛场	132
262	上海	310156	上海市金山区钱圩八字奶牛场	137
263	上海	310157	上海泰日奶牛场	264
264	上海	310158	上海坦直奶牛场	180
265	上海	310162	赵阳牧场	249
266	上海	310171	上海海光奶牛场	162

（续）

序号	地区	牛场编号	牛场名称	参测牛（头）
267	上海	310186	上海超华奶牛养殖专业合作社	222
268	上海	310190	上海市金山区廊下镇畜牧种场	371
269	上海	310196	嘉兴市王便镇东兴奶牛场	176
270	上海	310198	上海牛奶练江鲜奶有限公司	269
271	上海	310199	宝山区庙行镇西颜牧场	771
272	上海	310203	上海光明荷斯坦牧业有限公司	267
273	上海	310204	上海市奉贤区燎原农场燎新奶牛场	3 303
274	上海	310207	上海市奉贤区燎原农场燎新奶牛场	266
275	上海	310209	上海邵厂奶牛场	86
276	上海	310218	上海北征奶牛养殖专业合作社	142
277	上海	310221	宁波市牛奶集团有限公司	2 052
278	上海	310223	上海国兴奶牛场	273
279	上海	310228	江阴市鸿盛牧场	56
280	上海	310229	上海奉贤杨王奶牛场	130
281	上海	310236	海安市向阳奶牛场	379
282	上海	310250	金华市一康农业发展有限公司	968
283	上海	310293	南通大生源牧业有限公司	630
284	上海	310298	浙江嘉善新景牧场	95
285	上海	310299	逢源奶牛场	216
286	上海	310300	上海浦东新区六灶其成奶牛场	71
287	上海	310326	杨桥奶牛场	104
288	上海	310336	上海市群乐奶牛场	142
289	上海	310355	上海崇明达彬奶牛场	49
290	上海	310405	上海佳辰牧业有限公司	564
291	上海	31SH01	上海牛奶集团香花鲜奶有限公司	734
292	上海	31SH02	昆山向阳乳业有限公司	1 119
293	上海	31SH03	上海第七牧场昆山联营场	167
294	上海	31SH12	上海光明荷斯坦牧业有限公司星火奶牛一场	565
295	上海	31SH13	上海光明荷斯坦牧业有限公司	814
296	上海	31SH14	上海光明荷斯坦牧业有限公司	1 192

（续）

序号	地区	牛场编号	牛场名称	参测牛（头）
297	上海	31SH27	上海嘉珠副食品集团朱家桥奶牛场	354
298	上海	31SH30	上海忆南奶牛养殖有限公司	878
299	上海	31SH35	上海希迪乳业有限公司	644
300	上海	31SH37	上海光明荷斯坦牧业有限公司	1 021
301	上海	31SH39	上海光明荷斯坦牧业有限公司跃进奶牛一场	828
302	上海	31SH41	上海光明荷斯坦牧业有限公司跃进奶牛二场	865
303	上海	31SH42	上海光明荷斯坦牧业有限公司新东奶牛场	1 418
304	上海	31SH44	上海光明荷斯坦牧业有限公司	1 133
305	上海	31SH45	上海光明荷斯坦牧业有限公司	610
306	上海	31SH48	上海光明荷斯坦牧业有限公司	1 421
307	上海	31SH50	海门市福源牧业有限公司	306
308	上海	31SH51	嘉兴市荣中奶牛有限公司	386
309	上海	31SH54	昆山向阳乳业有限公司	439
310	上海	31SH57	上海宝山区盛桥镇牧场	181
311	上海	31SH60	上海市宝山区奶牛场	356
312	上海	31SH61	上海金山枫泾奶牛场	353
313	上海	31SH64	上海秋红奶牛有限公司	460
314	上海	31SH65	上海天天源奶牛场	306
315	上海	31SH73	上海超华奶牛养殖专业合作社	317
316	上海	31SH75	上海牛奶集团鸿星鲜奶有限公司	592
317	上海	31SH85	江苏宇航食品科技有限公司	252
318	上海	31SH88	上海健康奶牛场	271
319	上海	31SH89	上海光明荷斯坦牧业有限公司江阴祝塘牧场	658
320	江苏	320001	南京卫岗乳业有限公司第一牧场	1 372
321	江苏	320002	南京西岗联营牛奶场	562
322	江苏	320003	南京卫岗乳业有限公司淳化牧场	708
323	江苏	320004	句容天元牧业有限公司	620
324	江苏	320051	南京市江宁区朱家山奶牛场	212
325	江苏	320285	盐城市泰来神奶业有限公司	629
326	江苏	320380	康达牧场	706

（续）

序号	地区	牛场编号	牛场名称	参测牛（头）
327	江苏	32XZ08	徐州绿色源泉奶牛场	851
328	浙江	330349	浙江星野集团有限责任公司	939
329	安徽	340014	芜湖卫岗乳业有限公司奶牛场	419
330	安徽	34AH01	安徽新希望白帝牧业有限公司	259
331	山东	37DY01	东营市柏拉蒙奶牛繁育有限公司	650
332	山东	37DY11	东营丰和奶牛场	288
333	山东	37DZ01	山东省陵县乐悟集团奶牛场	394
334	山东	37DZ04	庆云龙祥奶牛养殖专业合作社	636
335	山东	37DZ06	小马家奶牛场	162
336	山东	37JB01	济南佳宝乳业有限公司第一牧场	1 382
337	山东	37JB02	济南佳宝畜牧有限公司	1 191
338	山东	37JB03	济南佳宝高官寨现代牧业	488
339	山东	37JI02	济宁方兴工贸有限公司	148
340	山东	37JI04	济宁汇源奶牛场	245
341	山东	37JI07	济宁幸福奶牛养殖场	201
342	山东	37JI13	济宁金乡康华奶牛场	191
343	山东	37JN06	济南维维乳业有限公司奶牛场	1 159
344	山东	37JN07	济南市历城区荣英奶牛养殖场	371
345	山东	37JN09	山东遥墙农牧业科技开发有限公司	594
346	山东	37JN11	山东佳源农牧科技发展有限公司	452
347	山东	37LC05	阳谷恒利奶牛养殖场	290
348	山东	37LC06	聊城明越奶牛场	1 100
349	山东	37LY06	沂南县彩蒙奶牛养殖有限公司	473
350	山东	37LY09	山东盛能胚胎工程有限公司	903
351	山东	37LY12	沂水县京援奶牛专业合作社	251
352	山东	37M007	天基生态牧业有限公司	189
353	山东	37M008	邹平县孙镇旭日奶牛养殖场	221
354	山东	37M009	邹平县码头镇博萍牧场	100
355	山东	37P006	阳谷县良种奶牛繁育有限公司（苏海奶牛场）	298
356	山东	37Q004	沂南县蒙山奶牛养殖有限公司	178

（续）

序号	地区	牛场编号	牛场名称	参测牛（头）
357	山东	37QD03	青岛澳新苑畜牧有限公司	252
358	山东	37QD04	青岛奥特奶牛原种场	276
359	山东	37QD05	青岛佳顺养殖有限公司	489
360	山东	37QD09	平度市龙湾庄奶牛养殖有限公司	212
361	山东	37QD10	即墨市瓦格庄奶牛场	335
362	山东	37QD13	青岛崔鹏奶牛养殖场	169
363	山东	37RZ02	莒县新惠奶牛专业合作社	332
364	山东	37TA01	山东泰山安康生态乳业有限公司	264
365	山东	37TA08	新泰市银燕奶牛场	324
366	山东	37TA15	宁阳县丰庆奶牛场	346
367	山东	37TA18	泰安玉香牧业	145
368	山东	37WF07	昌乐永新奶牛养殖专业合作社	71
369	山东	37YT03	山东朝日绿源农业高新技术有限公司	997
370	山东	37YT04	烟台牟平区长生牛场	200
371	山东	37YT07	海阳盛景奶牛养殖有限公司	389
372	山东	37ZB01	高青得益AA奶牛示范养殖场	557
373	山东	37ZZ01	枣庄祥和乳业有限公司	905
374	山东	37ZZ02	枣庄祥和乳业第二牧场	1 010
375	河南	41AKYN	郑州中牟康源奶牛场	577
376	河南	41ANDN	河南农业大学奶牛场	107
377	河南	41APTM	郑州蒲田畜牧业发展有限公司	263
378	河南	41ASI2	河南中荷奶业科技发展有限公司	341
379	河南	41ASSM	荥阳山水牧业有限公司	312
380	河南	41AXJL	新郑佳利奶牛养殖场	207
381	河南	41AXMK	新密民康奶牛养殖合作社	276
382	河南	41AZHH	郑州中牟谢庄红孩儿奶牛养殖场	281
383	河南	41BYWR	开封南郊禹王乳业有限公司	381
384	河南	41CAHN	洛阳爱荷牧业有限公司	317
385	河南	41CDTC	偃师市大屯奶牛场	144
386	河南	41CHQR	洛阳慧泉乳业有限公司	432

（续）

序号	地区	牛场编号	牛场名称	参测牛（头）
387	河南	41CHXN	洛阳宜阳县恒鑫养殖有限公司	315
388	河南	41CJDH	洛阳吉利区大昊牧场	390
389	河南	41CJE1	洛阳市巨尔第一牧场	433
390	河南	41CJE2	洛阳逯寨村隆鑫奶牛场	135
391	河南	41CJFN	洛阳偃师巨丰奶牛场	174
392	河南	41CNWN	孟津县农旺专业合作社	217
393	河南	41CSS1	洛阳生生乳业有限公司	821
394	河南	41CWMN	洛阳旺民奶牛养殖有限公司	362
395	河南	41CZCN	洛阳孟津县紫晨养殖专业合作社	351
396	河南	41CZER	洛阳卓凡牧业有限公司	291
397	河南	41DPFZ	平顶山郏县发展牧业	488
398	河南	41DPHY	河南源源乳业集团合源养殖有限公司	849
399	河南	41DPRY	平顶山汝源奶业	463
400	河南	41DPSY	汝州瑞亚牧业有限公司	1 227
401	河南	41DPYY	河南源源乳业集团有限公司	645
402	河南	41DYIY	平顶山伊源乳业有限公司	482
403	河南	41EHXN	安阳市航校奶牛场	618
404	河南	41EHYN	内黄县华瑞畜牧养殖有限公司	172
405	河南	41EJRN	安阳林州衡水镇锦荣奶牛场	577
406	河南	41FBRM	鹤壁淇县百瑞牧业有限公司	292
407	河南	41FFBN	浚县富邦奶牛养殖场	220
408	河南	41FWEN	河南维尔牧业有限公司	521
409	河南	41GAB2	新乡黄河岸边乳业有限公司二场	224
410	河南	41GFYN	新乡福源奶牛有限公司	420
411	河南	41GWJN	辉县市晨光养殖专业合作社	289
412	河南	41GZNM	新乡中源农牧有限责任公司	427
413	河南	41HADL	温县新澳牧业有限公司	239
414	河南	41HBBN	焦作温县奔奔养殖专业合作社	274
415	河南	41HBN1	焦作博爱县农场一分场奶牛厂	571
416	河南	41HBN3	焦作博爱农场三分场	84

（续）

序号	地区	牛场编号	牛场名称	参测牛（头）
417	河南	41HBN5	焦作博爱农场五分场	159
418	河南	41HDEK	焦作多尔克司示范乳业有限公司	437
419	河南	41HLYN	焦作市绿野畜禽养殖有限公司	667
420	河南	41HMHY	焦作市孟州华亿养殖场	548
421	河南	41HVQF	焦作乾丰养殖有限公司	336
422	河南	41HWDX	焦作东旭奶牛场	146
423	河南	41HWTW	焦作温县田旺养殖基地	435
424	河南	41HYT1	焦作市裕泰公司	686
425	河南	41JLSN	濮阳隆盛奶牛场	287
426	河南	41JXNN	濮阳河南雪牛乳业有限公司	540
427	河南	41JYKN	濮阳裕康奶牛场	270
428	河南	41KYRN	襄城县源荣牧业有限公司	338
429	河南	41LJYN	河南佳源养殖有限公司	355
430	河南	41LLLM	漯河利隆牧业	416
431	河南	41LSJK	漯河三剑客牧业	409
432	河南	41MLNK	三门峡灵宝农垦奶牛场	486
433	河南	41MLNZ	三门峡灵宝牛庄奶牛场	444
434	河南	41MSLN	三门峡三隆奶牛场	794
435	河南	41PBLN	河南宝乐奶业公司（周口）	460
436	河南	41PJSH	周口金丝猴奶牛场	503
437	河南	41PYDN	周口裕达奶牛养殖服务发展有限公司	64
438	河南	41RQYN	南阳市青云牧业有限公司	457
439	河南	41RXWN	南阳市西洼奶牛养殖有限公司	508
440	河南	41RYRY	南阳市雅儒养殖有限公司	491
441	湖北	42AA08	武汉开隆高新农业发展有限公司	496
442	湖北	42AD01	武汉金旭畜牧科技发展有限公司	137
443	湖北	42EY01	宜昌爱华农业科技开发有限公司	124
444	湖北	42H201	湖北劲牛牧业有限公司（水牛）	48
445	湖北	42J301	蕲春恒利牧业有限公司	174
446	湖北	42J302	湖北华隆农业科技发展有限公司	204

（续）

序号	地区	牛场编号	牛场名称	参测牛（头）
447	湖北	42J402	黄冈伊利畜牧发展有限责任公司武穴分公司	2 745
448	湖北	42JB01	黄冈农科院梅家墩牧业有限责任公司	133
449	湖北	42JB02	黄冈扬子江生态牧业有限公司	1 525
450	湖北	42JD01	麻城鑫旺畜牧科技发展公司	130
451	湖北	42JD02	黄冈悠然牧业有限责任公司	2 596
452	湖北	42JK01	黄梅现代乳业有限公司	2 922
453	湖南	43AB01	湖南省畜牧兽医研究所奶牛场	237
454	湖南	43AC01	白若铺奶牛场	302
455	湖南	43EJ01	清溪奶牛场	346
456	湖南	43JA01	金健乳业第五牧场	514
457	湖南	43JG01	金健乳业第一牧场	493
458	湖南	43JH01	湘闽乳业奶牛场	769
459	广东	44A002	广州珠江牛奶有限公司	1 199
460	广东	44A003	广州华美牛奶有限公司	2 243
461	广东	44QA01	广东燕塘乳业股份有限公司红五月良种奶牛场分公司	1 256
462	广西	450280	广西皇氏乳业畜牧有限公司	334
463	云南	531030	宜良县瓦窑奶牛合作社	267
464	云南	531033	宜良县绿盛美地奶牛养殖场	113
465	云南	531221	石林县映山畜牧有限公司	29
466	云南	531222	雪兰石林生态牧场	1 499
467	云南	531321	晋宁县月表奶牛合作社	464
468	云南	531602	嵩明县小街镇牧兴奶牛专业合作社	945
469	云南	531622	嵩明县兴瑞和奶牛合作社	1 055
470	云南	532001	大理乳用水牛原种场	14
471	云南	532506	大理神野乳牛养殖有限公司	137
472	云南	535001	腾冲县巴福乐槟榔江水牛良种繁育有限公司	15
473	云南	536121	云南省红河州个旧市乍甸乳业有限责任公司	105
474	云南	537228	盈江文明奶水牛养殖小区	8
475	陕西	610040	西安昕洋牧业有限责任公司	564
476	陕西	610043	陕西农得利现代牧业发展有限公司	346

（续）

序号	地区	牛场编号	牛场名称	参测牛（头）
477	陕西	611603	周至县集贤赵代常兴畜牧场	282
478	陕西	611855	西安草滩牧业有限公司华阴奶牛一场	1 617
479	陕西	612004	陕西建兴奶牛繁育有限公司	792
480	陕西	612011	陕西澳美慧乳业科技有限公司第一牧场	1 912
481	陕西	612551	西安牧星乳业有限公司华宇奶牛场	296
482	陕西	613280	宝鸡得力康乳业有限公司凤翔千头奶牛场	633
483	陕西	613445	宝鸡得力康乳业有限公司岐山奶牛场	452
484	陕西	613590	宝鸡澳华现代牧业有限责任公司	881
485	陕西	613680	陇县和氏白牛寺奶牛场	129
486	陕西	613681	陇县和氏神泉奶牛场	433
487	陕西	613682	陇县和氏杜阳奶场	532
488	陕西	613835	千阳县向阳奶畜专业合作社	218
489	陕西	613840	千阳县千顺祥奶畜专业合作社	274
490	陕西	614001	陕西浩大乳业有限责任公司	617
491	陕西	614400	陕西世丰畜牧科技有限公司百利示范园一场	272
492	陕西	614405	合阳翊东良种奶牛繁育中心	452
493	陕西	614407	合阳兴隆牧业有限公司	466
494	陕西	614408	陕西晟杰实业有限公司良种奶牛场	672
495	陕西	614409	陕西腾远牧业有限责任公司	151
496	陕西	614501	大荔县华秦牧业有限责任公司	163
497	陕西	614502	大荔富贵牧场	331
498	陕西	614506	陕西秦东牧业有限公司	278
499	陕西	616001	杨凌科元克隆股份有限公司	322
500	陕西	616002	杨凌示范区良种奶牛繁育有限公司	386
501	陕西	61A200	三贤新东奶牛养殖场	276
502	陕西	61A274	西安市阎良区文强奶牛养殖示范园	37
503	陕西	61A280	西安市阎良区牧歌奶牛养殖场	232
504	陕西	61D536	三原北鹿养殖专业合作社	48
505	宁夏	640003	宁夏农垦贺兰山奶业有限公司奶牛一场	734
506	宁夏	640004	宁夏农垦贺兰山奶业有限公司奶牛二场	631

（续）

序号	地区	牛场编号	牛场名称	参测牛（头）
507	宁夏	640005	宁夏农垦贺兰山奶业有限公司奶牛三场	715
508	宁夏	640007	宁夏农垦贺兰山奶业有限公司灵武奶牛一场	55
509	宁夏	640009	宁夏农垦贺兰山奶业有限公司连湖奶牛场	650
510	宁夏	640010	宁夏永宁蓝天奶牛养殖专业合作社	322
511	宁夏	640011	宁夏塞上阳光牧场养殖有限公司	968
512	宁夏	640012	惠农区益农金禾奶牛养殖有限公司	630
513	宁夏	640024	银川市忠良农业开发股份有限公司	927
514	宁夏	640031	贺兰欣荣奶牛养殖专业合作社	702
515	宁夏	640032	宁夏农垦贺兰山奶业有限公司灵武奶牛二场	697
516	宁夏	640035	宁夏贺兰山奶牛原种繁育有限公司	840
517	宁夏	640036	宁夏上陵牧业股份有限公司	1 075
518	宁夏	640038	宁夏青松乳业有限公司	850
519	宁夏	640063	平罗县永和奶牛养殖专业合作社	240
520	宁夏	640064	银川市西夏区先峰奶牛养殖场	805
521	宁夏	640066	青铜峡市康盛牧业有限责任公司	975
522	宁夏	640096	灵武市金昊达奶牛养殖有限公司	369
523	宁夏	640097	灵武市韩氏生态农业开发有限公司	418
524	宁夏	640102	贺兰县龙飞奶牛养殖专业合作社	244
525	宁夏	640105	吴忠市开鑫源农牧养殖有限公司	171
526	宁夏	640118	石嘴山市卉丰农林牧场	570
527	宁夏	640136	宁夏利莱达农林综合开发有限公司	432
528	宁夏	640160	宁夏合牧农业科技有限公司	443
529	宁夏	640166	宁夏荷利源奶牛原种繁育有限公司	893
530	宁夏	640173	宁夏农垦贺兰山奶业有限公司灵武奶牛三场	939
531	宁夏	640178	宁夏翔达牧业科技有限公司	2 869
532	宁夏	640180	银川牧翔养殖有限公司	676
533	宁夏	640182	贺兰县金牧养殖有限公司	482
534	宁夏	640188	宁夏合欣养殖专业合作社	589
535	宁夏	640190	贺兰中地生态牧场有限公司	7 016
536	宁夏	641009	宁夏金茹宜农牧有限公司	739

（续）

序号	地区	牛场编号	牛场名称	参测牛（头）
537	宁夏	641071	宁夏赛科星养殖有限责任公司	4 096
538	宁夏	643051	吴忠市利牛畜牧科技发展有限公司	720
539	宁夏	643052	宁夏夏进奶牛繁育科技有限公司	759
540	新疆	65A601	五一牛场	803
541	新疆	65B004	天山呼图壁牛场	900
542	新疆	65B051	呼图壁种牛场牧一场	2 393
543	新疆	65B052	呼图壁种牛场牧二场	1 474
544	新疆	65B054	呼图壁种牛场牧四场	2 061
545	新疆	65B103	新疆天山畜牧生物工程股份有限公司	491
546	新疆	65B105	昌吉市三宫奶牛合作社	257
547	新疆	65B325	新疆朗青畜牧有限公司	663
548	新疆	65C001	新疆西部牧业股份有限公司第一牛场	1 866
549	新疆	65C004	石河子开发区绿洲牧业奶牛养殖有限责任公司	606
550	新疆	65C101	新疆丰瑞源畜牧有限责任公司	371
551	新疆	65C102	石河子市欣远牧业有限公司	496
552	新疆	65C451	第八师144团加工厂牛场	189
553	新疆	65C501	石河子市双浩牧业有限责任公司	384
554	新疆	65C502	石河子市新安镇双利牧业有限责任公司	198
555	新疆	65C508	石河子市新安镇双旭牧业有限责任公司	143
556	新疆	65C602	新疆石河子147团二牛场	382
557	新疆	65C603	新疆石河子147团三牛场	205
558	新疆	65C604	新疆石河子147团四牛场	176
559	新疆	65C605	新疆石河子147团五牛场	146
560	新疆	65C651	石河子市花园镇马保林养殖农业专业合作社	286
561	新疆	65C653	石河子市花园镇花园牛场	281
562	新疆	65D600	新疆天澳牧业有限公司九牧场	2 146
563	新疆	65D603	新疆天澳牧业有限公司一牧场	1 677
564	新疆	65D605	新疆天澳牧业有限公司二牧场	928
565	新疆	65D607	新疆天澳牧业有限公司四牧场	1 669
566	新疆	65D608	新疆天澳牧业有限公司五牧场	2 183

（续）

序号	地区	牛场编号	牛场名称	参测牛（头）
567	新疆	65D609	新疆天澳牧业有限公司六牧场	214
568	新疆	65D615	奎屯三牧场	307
569	新疆	65D619	新疆天澳牧业有限公司八牧场	1 293
570	新疆	65G324	沙湾天润生物有限责任公司	1 002
571	新疆	65J001	克拉玛依绿成农业开发有限责任公司奶牛一场	1 263
572	新疆	65J002	新疆鸿升现代农牧业科技发展有限公司	1 020
573	新疆	65N105	农一师五团奶牛养殖一场	2 048
574	新疆	65N109	农一师五团奶牛养殖二场	947
575	新疆	65N116	阿克苏新农乳业有限责任公司养殖一场	1 108
576	新疆	65N117	阿克苏新农乳业有限责任公司养殖二场	748
577	新疆	65N118	阿克苏新农乳业有限责任公司养殖三场	2 661

附录10　2006—2016年中国荷斯坦种公牛入选国家奶牛良种补贴项目数量

附录10-1　2006—2012年中国荷斯坦种公牛入选国家奶牛良种补贴项目数量

站号	公牛站名称	2006	2007		2008		2009		2010			2011				2012			
		TPPI	CPI	TPPI	CPI	TPPI	CPI	TPPI	CPI1	CPI2	TPPI	CPI1	CPI2	CPI3	TPPI	CPI1	CPI2	CPI3	GCPI
111	北京首农畜牧发展有限公司奶牛中心	47	20	18	41	36	70	24	32	19	25	41	15	15	28	42	14	7	34
121	天津市奶牛发展中心	39	10	10	14	44	23	22	18		40	9	14		14	7	9	4	9
122	XY种畜（天津）有限公司			6		23		7											
131	河北品元畜禽育种有限公司	25	2	16	6	42	18	38	37		36	2	19		31	17	5		26
132	秦皇岛全农精牛繁育有限公司	53		20	1	70	10	43	28		9	2	20			1	28	5	5
133	亚达艾格威（唐山）畜牧有限公司							27			21				16			7	18
141	山西鑫源良种繁育有限公司	36		20		33	4	20	6		8		16	8	4		19	4	7
151	内蒙古天和荷斯坦牧业有限责任公司	12	1	8		25	6	22	10		15	16	7		13	16	13	4	14
152	通辽京缘种牛繁育有限责任公司					2													
153	海拉尔农牧场管理局家畜繁育指导站			5		5		8			5								

（续）

站号	公牛站名称	2006	2007		2008		2009		2010			2011				2012			
		TPPI	CPI	TPPI	CPI	TPPI	CPI	TPPI	CPI1	CPI2	TPPI	CPI1	CPI2	CPI3	TPPI	CPI1	CPI2	CPI3	GCPI
155	内蒙古赛科星繁育生物技术（集团）股份有限公司													43				36	
211	辽宁省牧经种牛繁育中心有限公司	13		7		16	1	18		1	20			1	3			5	3
212	大连金弘基种畜有限公司																		
222	吉林省德信生物工程有限公司																		2
231	黑龙江省博瑞遗传有限公司	23		19		41	10	50	15	4	69	16	1	3	47	17	4	1	32
232	大庆市银螺乳业有限公司			8		36	1	50	1		24		1		9		1		7
311	上海奶牛育种中心有限公司	60	17	49	21	84	35	63	33		79	31	8		28	39	13		49
321	徐州恒泰牧业发展有限公司					1		1											
322	南京利农奶牛育种有限公司			8		16	2	16	2	4	16		5	4	4	2	5	3	6
341	安徽天达畜牧科技有限责任公司			5		5										1			
343	安徽精英种畜有限公司			28		18		33			30		2		22				
361	江西省天添畜禽育种有限公司	3	1	4	1	11	2	2	1		1	1				1	2		
371	山东省种公牛站有限责任公司																		

（续）

站号	公牛站名称	2006	2007		2008		2009		2010			2011				2012			
		TPPI	CPI	TPPI	CPI	TPPI	CPI	TPPI	CPI1	CPI2	TPPI	CPI1	CPI2	CPI3	TPPI	CPI1	CPI2	CPI3	GCPI
373	山东奥克斯畜牧种业有限公司	28		22	4	44	13	37	36	4	42	3	27		24	18	18		33
374	先马士畜牧（山东）有限公司			10		15		13			17		2		8		2		5
411	河南省鼎元种牛育种有限公司	1		7	3	19	10	31	8	4	25		17	2	29		21	5	18
412	许昌市夏昌种畜禽有限公司			3		3		2											
413	南阳昌盛牛业有限公司			2				4			2				3				2
414	洛阳市洛瑞牧业有限公司	5		4		8		6			5			7	7			3	4
431	湖南光大牧业科技有限公司												1						
441	广州市奶牛研究所有限公司			8		9	7	5				1	4		3	2	3		2
511	成都汇丰动物育种有限公司	6		3		8		6			3				4			4	3
531	云南恒翔家畜良种科技有限公司		1	4		4	1	1	1				1		2		1		4
532	大理五福畜禽良种有限责任公司	6		2		8	3	8	3		10		1		1		2		11
551	重庆市种公牛站	4		2		1													
611	陕西秦申金牛育种有限公司	4	1	5	1	8	1	12	7		2	5	2			8	6		

（续）

站号	公牛站名称	2006	2007		2008		2009		2010			2011				2012			
		TPPI	CPI	TPPI	CPI	TPPI	CPI	TPPI	CPI1	CPI2	TPPI	CPI1	CPI2	CPI3	TPPI	CPI1	CPI2	CPI3	GCPI
612	西安市奶牛育种中心	5		2															
621	甘肃佳源畜牧生物科技有限责任公司					5		3											
631	青海正雅畜牧良种科技有限公司					3		6			6		1		4	2			7
641	宁夏四正种牛育种有限公司	17	1	12	1	21	6	14	11		32		5	2	20	2	6	2	26
651	新疆天山畜牧生物工程股份有限公司	12	2	19	7	50	9	44	25		27	9	17		30	17	11		35
	合计	399	392		814		868		879			761				827			

附录10-2　2013—2016年中国荷斯坦种公牛入选国家奶牛良种补贴项目数量

站号	公牛站名称	2013				2014				2015				2016			
		CPI1	CPI2	CPI3	GCPI	CPI1	CPI2	CPI3	GCPI	CPI1	CPI2	CPI3	GCPI	CPI1	CPI2	CPI3	GCPI
111	北京首农畜牧发展有限公司奶牛中心	46	13	7	23	45	24	4	15	80	8		21	51	2	1	45
121	天津市奶牛发展中心	19	5	4	6	31	8	9	3	51	6	8	10	17		9	9
122	XY种畜（天津）有限公司																

（续）

站号	公牛站名称	2013				2014				2015				2016			
		CPI1	CPI2	CPI3	GCPI	CPI1	CPI2	CPI3	GCPI	CPI1	CPI2	CPI3	GCPI	CPI1	CPI2	CPI3	GCPI
131	河北品元畜禽育种有限公司	23	3		16	34	1	8	13	37	4	8	14	20	4	7	22
132	秦皇岛全农精牛繁育有限公司	2	27	12		1	24	17	1	3	22	7	3	4	3	7	2
133	亚达艾格威（唐山）畜牧有限公司			10	17		3	10	14		2	10	12	1	2	8	7
141	山西鑫源良种繁育有限公司	5	11	5	6	6	9	1	2	8	7	1	1	2	2	1	4
151	内蒙古天和荷斯坦牧业有限责任公司	18	20	5	4	19	15	3	5	29	18		9	22	5		11
152	通辽京缘种牛繁育有限责任公司																
153	海拉尔农牧场管理局家畜繁育指导站																
155	内蒙古赛科星繁育生物技术（集团）股份有限公司		1	27	6	1		21	8	1	5	11	7	3		20	12
211	辽宁省牧经种牛繁育中心有限公司			5	1		2	7			2	4				2	
212	大连金弘基种畜有限公司												10				20
222	吉林省德信生物工程有限公司				1	2	1			3	4		6		1		2
231	黑龙江省博瑞遗传有限公司	25	8	2	21	24	25	2	11	16	24	1	4	14	8	1	3
232	大庆市银螺乳业有限公司		9				7		9		5		5				
311	上海奶牛育种中心有限公司	31	11		32	41	9		19	46	14		18	42	4		20

（续）

站号	公牛站名称	2013				2014				2015				2016			
		CPI1	CPI2	CPI3	GCPI	CPI1	CPI2	CPI3	GCPI	CPI1	CPI2	CPI3	GCPI	CPI1	CPI2	CPI3	GCPI
321	徐州恒泰牧业发展有限公司																
322	南京利农奶牛育种有限公司	2	9	3	1	2	9	3	1		6	3					
341	安徽天达畜牧科技有限责任公司																
343	安徽精英种畜有限公司																
361	江西省天添畜禽育种有限公司	1	2				2			1	1			1			
371	山东省种公牛站有限责任公司			3				4				5	5	1		5	6
373	山东奥克斯畜牧种业有限公司	28	17		18	36	14		11	44	7		25	39	11		24
374	先马士畜牧（山东）有限公司		1	9	11		1	13	5			14	7			24	3
411	河南省鼎元种牛育种有限公司	28	4	5	14	45	5	3	8	46	2	3	16	12		3	19
412	许昌市夏昌种畜禽有限公司																
413	南阳昌盛牛业有限公司																
414	洛阳市洛瑞牧业有限公司			6	5			3	2			1				3	
431	湖南光大牧业科技有限公司																
441	广州市奶牛研究所有限公司	1	3		1		4										

（续）

站号	公牛站名称	2013				2014				2015				2016			
		CPI1	CPI2	CPI3	GCPI	CPI1	CPI2	CPI3	GCPI	CPI1	CPI2	CPI3	GCPI	CPI1	CPI2	CPI3	GCPI
511	成都汇丰动物育种有限公司			4			1	4			1	3					
531	云南恒翔家畜良种科技有限公司		2		1		4		2	2	7			1			
532	大理五福畜禽良种有限责任公司		7	2	3		7		1		2		3				1
551	重庆市种公牛站																
611	陕西秦申金牛育种有限公司	10	3			10	2		3	11	2		1	10	2		2
612	西安市奶牛育种中心												6				6
621	甘肃佳源畜牧生物科技有限责任公司																
631	青海正雅畜牧良种科技有限公司	2	1			2	3			4	2			2			4
641	宁夏四正种牛育种有限公司	2	3	2	12	2	7	1	5	13	7		1				6
651	新疆天山畜牧生物工程股份有限公司	23	11	6	16	23	8	6	9	34	4	6	22	12		3	20
	合计	769				785				882				640			